花桥板栗栽培技术问答

王　森　主编

中 国 林 业 出 版 社

主　　编　王　森
副 主 编　田应秋　何功秀　李　樊　沈　燕
参编人员　晏　巢　邵凤侠　吴红强　廉洪志
　　　　　丁向阳　钟秋平　易晓玲　吕芳德
　　　　　袁德义　张　琳　陈桂良　刘海仓

图书在版编目（CIP）数据

花桥板栗栽培技术问答/王森主编．—北京：中国林业出版社，2012.1（2012.3重印）
ISBN 978-7-5038-6428-5

Ⅰ.①花…　Ⅱ.①王…　Ⅲ.①板栗－果树园艺－问题解答　Ⅳ.①S664.2－44

中国版本图书馆 CIP 数据核字（2011）第 250180 号

出　版：中国林业出版社（100009　北京西城区刘海胡同 7 号）
网　址：lycb. forestry. gov. cn
电　话：（010）83223051
发　行：中国林业出版社
印　刷：三河市祥达印装厂
版　次：2012 年 1 月第 1 版
印　次：2012 年 3 月第 2 次
开　本：170mm × 240mm
印　张：7.5
字　数：152 千字
定　价：18.00 元

前　言

板栗是中国栽培最早的经济林树种之一，迄今已有2000～3000年的栽培历史；也是主要的木本粮食树种之一，素有铁杆庄稼之称。因经济、生态和社会效益高，使之成为分布、栽培遍及全世界的经济树种，也是美化环境、绿化荒山、改善生态的优良树种。

花桥板栗是20世纪60年代湘潭市林业科学研究所在湘潭县茶恩寺镇晓花村发现的板栗早熟优良实生单株，1996年开始高接鉴定，经连续多年观察、比较，性状稳定；2006年8月通过湖南省科技厅专家委员会鉴定；2007年10月通过湖南省林木良种审定委员会审定并命名。该品种具有以下特点：①早熟，花桥板栗2号果实成熟期8月底，比九家种、铁粒头等优良品种早15～30天；②果大，坚果平均单粒重16.2克，而九家种和铁粒头只有11.8克和10.5克；③产量高，每平方米冠幅能产坚果0.69千克；④外观品质优，果粒端正，果皮具红褐色光泽；⑤效益高，因其比其他板栗早上市，售价高，因而其经济效益高于其他板栗品种。2009年经湘潭市林业科学研究所联合中南林业科技大学共同申请，由国家林业局科技司推广处下达了"花桥早熟板栗新品种与配套栽培技术推广"（［2009］31号）项目。项目组在执行项目的过程中常感生产上应该有一本针对性强、深入浅出、通俗易懂的花桥板栗栽培书籍指导板栗生产。本着科普的目的，项目组在长期研究和实践的基础上，用问答的形式就花桥板栗的栽培技术编著此书。

该书的出版得到了中南林业科技大学森林培育国家重点学科的资助，并被湖南省林业十强县——沅陵县定为发展板栗产业的技术培训资料；同时也得到林业公益性行业科研专项"野生木本淀粉种质资源评价与精加工技术研究"（200804033）项目组的支持与关心，编者在此一并致谢！

由于作者水平有限，书中难免有疏漏、不当之处，敬请有关专家及广大读者惠予指正。

王　森

2011年11月

目　录

第一章　花桥板栗概述 …… 1

1. 花桥板栗选育过程是怎样的？ …… 1
2. 花桥板栗的主要特征是什么？ …… 1
3. 花桥板栗的结果习性怎样？ …… 1
4. 花桥板栗的丰产性怎样？ …… 1
5. 花桥板栗园前期投入情况如何？ …… 1
6. 花桥板栗产出及收益如何？ …… 2
7. 花桥板栗的发展前景如何？ …… 2
8. 花桥板栗发展面临的主要技术问题有哪些？ …… 3
9. 如何提高花桥板栗产业效益？ …… 3
10. 发展板栗产业的栽培意义有哪些？ …… 3

第二章　无公害果品 …… 4

11. 什么是有机食品？ …… 4
12. 什么是绿色食品？ …… 4
13. 什么是无公害食品？ …… 4
14. 有机食品、绿色食品、无公害食品的不同点有哪些？ …… 5
15. 绿色食品生产基地的选择要注意哪几个方面？ …… 6
16. 绿色食品生产中农药的使用要遵守哪些原则？ …… 7
17. 绿色食品生产中肥料的使用要遵守哪些原则？ …… 10
18. “有机板栗”生产的主要内容有哪些？ …… 11
19. 我国“森林农业”与国外“有机农业”的区别是什么？ …… 12
20. 大力发展绿色食品生产的前景如何？ …… 12

第三章　花桥板栗苗木繁育技术 …… 13

21. 苗圃地该如何选择？ …… 13
22. 苗圃地如何整地？ …… 13
23. 板栗优质砧木的培育包括哪些主要步骤？ …… 13
24. 板栗种子采集要注意哪些问题？ …… 13
25. 播种前如何处理板栗砧木种子？ …… 13
26. 板栗砧木种子如何播种？ …… 14

27. 板栗砧木苗的培育过程如何？ …… 14
28. 板栗砧木苗管理要注意哪些问题？ …… 15
29. 花桥板栗采穗圃如何管理？ …… 15
30. 如何选择花桥板栗接穗？ …… 15
31. 如何采集花桥板栗接穗？ …… 15
32. 如何对花桥板栗接穗进行蜡封？ …… 16
33. 板栗常用哪些方法嫁接？ …… 16
34. 花桥板栗苗木何时嫁接最好？ …… 17
35. 花桥板栗嫁接苗如何管理？ …… 18
36. 花桥板栗壮苗标准是什么？ …… 18
37. 花桥板栗起苗要注意什么问题？ …… 19
38. 花桥板栗起苗后在包装与运输上应注意什么问题？ …… 19
39. 花桥板栗高接时的技术要点有哪些？ …… 19

第四章　花桥板栗建园 …… 21

40. 影响花桥板栗生长发育的气候条件有哪些？ …… 21
41. 花桥板栗生产基地选择受哪些条件的影响？ …… 21
42. 花桥板栗建园选址时应注意哪些问题？ …… 21
43. 花桥板栗园如何规划？ …… 22
44. 花桥板栗园建立的主要方式有哪些？ …… 23
45. 花桥板栗高标准示范园如何建园？ …… 24
46. 花桥板栗的定植密度与方式是什么？ …… 24
47. 怎样栽植花桥板栗？ …… 24
48. 栽种花桥板栗时需要注意的问题有哪些？ …… 25
49. 如何提高花桥板栗的栽后成活率？ …… 25

第五章　花桥板栗土肥水管理 …… 26

50. 在制定花桥板栗无公害生产规范或规程中应注意哪些问题？ …… 26
51. 怎样的立地环境条件适宜花桥板栗的生长发育？ …… 26
52. 花桥板栗园的土壤管理的作用与方法是什么？ …… 27
53. 栗园深翻改土如何进行？ …… 27
54. 栗园中耕除草如何进行？ …… 27
55. 栗园施用绿肥的优点有哪些？ …… 28
56. 栗园种植的绿肥植物主要有哪些？ …… 28
57. 栗园生草如何进行？ …… 28
58. 栗园间作如何进行？ …… 29
59. 栗园覆盖如何进行？ …… 29
60. 板栗对氮、磷、钾三要素的需求规律如何？ …… 30
61. 板栗对微量元素的需求规律如何？ …… 31

62. 优质板栗生产允许使用的肥料种类有哪些？ …… 32
63. 优质板栗生产限制使用哪些化学肥料？ …… 32
64. 为什么要深施重施磷混有机质肥？ …… 33
65. 花桥板栗施肥的时期都是在什么时间？ …… 33
66. 怎样为花桥板栗树体进行土壤施肥？ …… 34
67. 怎样为花桥板栗树体进行根外施肥？ …… 34
68. 花桥板栗的叶面施肥如何进行？ …… 35
69. 如何对花桥板栗进行施基肥？ …… 35
70. 花桥板栗的土壤管理如何进行？ …… 35
71. 栽培花桥板栗的土壤需要哪些营养元素？ …… 35
72. 花桥板栗幼龄树什么时间施肥？ …… 35
73. 花桥板栗结果树什么时间施肥？ …… 36
74. 花桥板栗的施肥量如何？ …… 36
75. 花桥板栗的施肥比例如何？ …… 36
76. 花桥板栗有哪些施肥方法？ …… 36
77. 花桥板栗灌水的总体原则是什么？ …… 36
78. 板栗园的灌水新技术有哪些？ …… 36
79. 栗园保墒措施有哪些？ …… 37
80. 栗园排水措施有哪些？ …… 38
第六章　花桥板栗的整形修剪 …… 39
81. 花桥板栗树体进行整形修剪有哪些好处？ …… 39
82. 栗树粗放管理园的特征有哪些？ …… 40
83. 栗树整形修剪的原则是什么？ …… 40
84. 栗树整形修剪的依据是什么？ …… 41
85. 整形修剪对栗树生长的影响有哪些？ …… 42
86. 整形修剪对栗树结果的影响有哪些？ …… 42
87. 修剪对树体营养物质分配和运转的影响有哪些？ …… 43
88. 花桥板栗的主要树形是什么？ …… 43
89. 怎样进行花桥板栗树体的冬季修剪？ …… 43
90. 怎样进行花桥板栗树体的夏季修剪？ …… 45
91. 花桥板栗幼树生长有何特点？怎样进行整形修剪？ …… 45
92. 花桥板栗盛果期树生长有何特点？ …… 46
93. 如何对花桥板栗结果母枝进行培养和修剪？ …… 46
94. 如何对花桥板栗树体骨干枝进行回缩？ …… 46
95. 如何对花桥板栗树体内徒长枝进行改造和利用？ …… 46
96. 怎样进行密植丰产栗园的整形修剪？ …… 47
97. 花桥板栗在幼树期如何修剪？ …… 48

98. 花桥板栗在初结果期的修剪要求是什么？……………………… 48
99. 花桥板栗在盛果期的修剪应注意什么？……………………… 48
100. 花桥板栗在衰老期的修剪要求是什么？……………………… 48
101. 花桥板栗的修剪要点是什么？……………………………… 48
102. 冬季板栗管理技术要点有哪些？…………………………… 48
103. 怎样进行花桥板栗树冠的保护？…………………………… 49
104. 怎样进行花桥板栗树体的保护？…………………………… 50
第七章 花桥板栗花果管理 ……………………………………… 51
105. 花桥板栗花果管理的内容与意义是什么？…………………… 51
106. 花桥板栗优质丰产园的产量标准如何确定？………………… 51
107. 花桥板栗的花果期是什么时候？…………………………… 52
108. 为什么要对花桥板栗进行疏花疏果？………………………… 52
109. 花桥板栗疏花疏果的主要技术有哪些？……………………… 52
110. 如何对优质丰产花桥板栗树体进行疏雄？…………………… 52
111. 为什么要对花桥板栗树体进行保花保果？…………………… 53
112. 花桥板栗空苞有什么特征？………………………………… 54
113. 花桥板栗空苞产生的原因有哪些？…………………………… 54
114. 如何预防花桥板栗空苞？…………………………………… 55
115. 如何提高花桥板栗树体的坐果率？…………………………… 56
116. 如何提高花桥板栗坚果重量？……………………………… 57
117. 克服花桥板栗大小年的措施有哪些？………………………… 57
118. 板栗衰弱树的促花管理方法有哪些？………………………… 58
119. 板栗采后管理技巧有哪些？………………………………… 58
120. 落叶前板栗叶面施肥的作用是什么？………………………… 59
第八章 花桥板栗病虫害防治 …………………………………… 60
121. 板栗病虫害防治的原则是什么？…………………………… 60
122. 板栗病虫害发生的特点有哪些？…………………………… 60
123. 板栗病虫害综合治理有哪些必要条件？……………………… 61
124. 板栗病虫害综合防治包括哪些内容？………………………… 62
125. 板栗病虫害综合防治主要有哪些方法？……………………… 62
126. 农业防治和人工防治主要包括哪些内容？…………………… 64
127. 生物防治主要包括哪些内容？……………………………… 64
128. 物理防治主要包括哪些内容？……………………………… 65
129. 药剂防治有哪些方法以及适用范围？………………………… 66
130. 采用药剂防治虫害应注意的问题有哪些？…………………… 67
131. 花桥板栗的抗性和适应性如何？…………………………… 68
132. 如何对花桥板栗进行农业防治？…………………………… 68

133. 如何对花桥板栗进行物理防治？ …… 68
134. 如何对花桥板栗进行生物防治？ …… 68
第九章　花桥板栗常见虫害 …… 70
135. 栗瘿蜂的形态特征、危害情况及发生规律怎样？ …… 70
136. 怎样防治栗瘿蜂？ …… 71
137. 剪枝象鼻虫的形态特征、危害情况及发生规律怎样？ …… 71
138. 怎样防治剪枝象鼻虫？ …… 72
139. 栗实象鼻虫的形态特征、危害情况及发生规律怎样？ …… 73
140. 怎样防治栗实象鼻虫？ …… 74
141. 栗皮夜蛾的形态特征、危害情况及发生规律怎样？ …… 75
142. 怎样防治栗皮夜蛾？ …… 76
143. 栗子小卷蛾的形态特征、危害情况及发生规律怎样？ …… 77
144. 怎样防治栗子小卷蛾？ …… 77
145. 大袋蛾的形态特征、危害情况及发生规律怎样？ …… 77
146. 怎样防治大袋蛾？ …… 79
147. 黄刺蛾的形态特征、危害情况及发生规律怎样？ …… 79
148. 怎样防治黄刺蛾？ …… 80
149. 重阳木斑蛾的形态特征、危害情况及发生规律怎样？ …… 80
150. 怎样防治重阳木斑蛾？ …… 81
151. 云斑天牛的形态特征、危害情况及发生规律怎样？ …… 81
152. 怎样防治云斑天牛？ …… 82
153. 栗绛蚧的形态特征、危害情况及发生规律怎样？ …… 82
154. 怎样防治栗绛蚧？ …… 83
155. 蚱蝉的形态特征、危害情况及发生规律怎样？ …… 83
156. 怎样防治蚱蝉？ …… 84
第十章　花桥板栗常见病害 …… 85
157. 板栗干枯病的症状、危害情况及发病规律怎样？ …… 85
158. 怎样防治板栗干枯病？ …… 85
159. 板栗白粉病的症状、危害情况及发病规律怎样？ …… 86
160. 怎样防治板栗白粉病？ …… 86
161. 板栗叶斑病的症状、危害情况及发病规律怎样？ …… 86
162. 怎样防治板栗叶斑病？ …… 87
163. 白纹羽病的症状、危害情况及发病规律怎样？ …… 87
164. 怎样防治白纹羽病？ …… 88
165. 栗实霉烂病的症状、危害情况及发病规律怎样？ …… 88
166. 怎样防治栗实霉烂病？ …… 88

第十一章　花桥板栗的果实采收与贮藏 …… 89
167. 花桥板栗成熟标准如何？ …… 89
168. 花桥板栗果实采收应注意哪些问题？ …… 89
169. 板栗的采收主要有哪些方法？ …… 89
170. 脱粒有哪些技术要点？ …… 90
171. 为什么要重视板栗果实贮藏？ …… 90
172. 花桥板栗贮藏注意事项有哪些？ …… 91
173. 影响板栗贮藏的因素有哪些？ …… 91
174. 板栗贮藏中应注意哪些问题？ …… 92
175. 板栗果实贮藏的主要方法有哪些？ …… 93
176. 如何用沙藏法贮藏板栗？ …… 93
177. 如何用木屑与河沙藏法贮藏板栗？ …… 93
178. 如何用冷藏法贮藏板栗？ …… 93
179. 如何用硅窗气调贮藏板栗？ …… 94
180. 如何用砻糠灰、锯末贮藏板栗？ …… 94
181. 板栗如何用塑料薄膜袋贮藏？ …… 94
182. 板栗如何带栗苞贮藏？ …… 94
183. 留种用板栗如何贮藏？ …… 95
第十二章　花桥板栗加工与利用 …… 96
184. 目前我国板栗营销状况如何？ …… 96
185. 我国板栗加工的前景如何？ …… 96
186. 我国板栗的加工现状如何？ …… 97
187. 板栗加工中的技术难题有哪些？ …… 97
188. 板栗生产中剩余物利用前景如何？ …… 98
189. 板栗精的加工工艺流程是什么？ …… 98
190. 糖水板栗罐头的工艺流程怎样？ …… 100
191. 板栗奶的工艺流程如何？ …… 100
192. 糖衣栗子的工艺流程是什么？ …… 101
193. 板栗夹心片的工艺流程是什么？ …… 102
194. 花桥板栗产业化生产的必要性有哪些？ …… 103
参考文献 …… 104
花桥板栗栽培管理年历 …… 105

第一章　花桥板栗概述

1. 花桥板栗选育过程是怎样的？

花桥板栗是湘潭市林业科学研究所高级实验师田应秋领导的课题组从板栗实生后代群体中选育出的板栗新品种。是20世纪60年代湘潭市林科所在湘潭县茶恩寺镇晓花村发现的板栗早熟优良实生单株，1996年开始高接鉴定，经连续多年观察、比较，性状稳定；2006年8月通过湖南省科技厅专家委员会鉴定；2007年10月通过湖南省林木良种审定委员会审定并命名。该品种具有以下特点：

①早熟，花桥板栗2号果实成熟期8月底，比九家种、铁粒头等优良品种早15～30天；②果大，坚果平均单粒重16.2克，而九家种和铁粒头只有11.8克和10.5克；③产量高，每平方米冠幅能产坚果0.69千克；④外观品质优，果粒端正，果皮具红褐色光泽；⑤效益高，因其比其他板栗早上市，售价高，因而经济效益高于其他板栗品种。

2. 花桥板栗的主要特征是什么？

树势强健，树姿开张。多年生枝红褐色，皮孔扁圆；1年生枝浅褐色，新梢黄绿色。叶芽黄色，鳞片褐色；叶片倒卵圆形，叶色深绿，叶长23.10厘米，叶宽8.07厘米，叶厚0.03厘米，叶柄微红，长1.7厘米。雄花序7～12条，长度12.22厘米，结果枝平均结球苞数1～6个，球苞椭圆形，横径6.87厘米，纵径5.57厘米，平均重80.31克，最大总苞重158.11克。束刺密，斜生。苞皮厚0.34厘米，十字开裂。坚果肾形，平均纵径2.71厘米，横径3.20厘米，平均坚果重16.21克；果色红褐色，有光亮；果尖有白色茸毛；坚果易剥离，出仁率81.81%。定植后第2年始果；4年生株产可达1.81千克，丰产性强。

3. 花桥板栗的结果习性怎样？

该品种结果母枝长度19.10～60.28厘米，粗度0.69～1.19厘米（平均0.87厘米）。每结果母枝上着生结果枝1～4条，着生雄花枝1～3簇。每结果枝着生球苞2～7个，球苞散生。

4. 花桥板栗的丰产性怎样？

该品种在正常管理条件下，定植后2年开始挂果。4年生树体平均每平方米冠幅面积产坚果0.69千克。

5. 花桥板栗园前期投入情况如何？

第1年：挖规格60厘米×60厘米×60厘米的定植穴，每穴施腐熟有机肥25

千克、磷肥0.25千克。苗木按每亩[*]栽植50株。5月上旬每株施尿素0.1千克1次；7月中旬每株施复合肥0.25千克1次；9月下旬每株施有机肥15千克。全年防治病虫3次。以上工作需投入材料费193元，劳动力工资310元，共计503元。

第2年：每株施尿素0.25千克1次，复合肥0.5千克1次，有机肥20千克。以上工作需投入材料费60元，劳动力工资210元，共计270元。

第3~5年：每株施尿素0.25千克1次，复合肥1千克1次，有机肥20千克。冬季修剪在落叶后进行。第3年以上工作需投入材料费70元，劳动力工资120元，共计190元。第4年和第5年板栗园投入参照第3年投入。

成年树：第6年及以后为成年树。每株施尿素1千克1次，复合肥1千克1次，有机肥50千克。还有人工授粉、去雄、喷植物生长调节剂等工作。成年树每年投入材料费210元，劳动力工资225元，共计435元。第7年及以后，投入参照第6年。

6. 花桥板栗产出及收益如何？

第1年：2%~3%的树挂果，第1年产出几乎为零。也可间种花生、绿豆、辣椒等矮秆经济作物增加收入。

第2年：10%~15%的树挂果，每亩产坚果2.5千克。第2年可继续间种矮秆经济作物增加收入。

第3年：80%的树挂果，每亩产坚果20千克，折合人民币100元。

第4年及以后：全部挂果。每亩第4年产坚果75千克，折合人民币375元。第5年，产坚果150千克，折合人民币750元。第6年，产坚果230千克，折合人民币1150元。第7年，产坚果330千克，折合人民币1650元。第8年产坚果450千克，折合人民币2250元。8年后每年产值2250元。

据概算，营造100亩花桥板栗园，前4年总共投入资金115 300元。第5年可以收回成本费用，第6年每100亩可以创收约7万元，第7年可创收约12万元，第8年可创收约18万元。

7. 花桥板栗的发展前景如何？

花桥板栗是一个成熟期早的优良乡土板栗品种。推广花桥板栗，对于丰富湖南省板栗优良品种资源，发展湖南省板栗产业，具有重要意义。该品种平均单果重高，早果性好，丰产性强，对红壤土、紫色土有较强的适应性，经济效益较高，2009年以前花桥板栗面积200余亩。从2009~2011年通过国家林业局推广项目组的示范与推广，现在湖南省的栽培面积约2000余亩。湘潭市林业"十二五"规划部署2011年至2015年发展花桥板栗2万亩以上。

---

[*] 1亩=666.7平方米，下同。

8. 花桥板栗发展面临的主要技术问题有哪些？

花桥板栗发展面临的技术问题主要体现在：

（1）土、肥、水管理粗放

板栗园中土壤有机质含量较低；在板栗的需肥临界期，未注意硼、镁等关键营养元素的补充；水分供应不及时，导致花期坐果率低，单位面积产量不高。

（2）整形修剪不到位

现有的板栗园未注意树形的培养，结果外移现象出现早，导致平面结果现象产生。

9. 如何提高花桥板栗产业效益？

加强对花桥板栗丰产栽培技术措施的研究。扩大板栗种植面积，提高板栗果实产量，加快配方施肥技术、节水灌溉技术、物理病虫害防治技术在生产上的应用。加强技术培训，提高栗农的生产技能，建设高效的板栗园。积极提升产业经营层次，城郊可发展观光休闲板栗园。

10. 发展板栗产业的栽培意义有哪些？

板栗是中国栽培最早的果树之一，已有2000～3000年的栽培历史；同时板栗又是木本粮食果树之一，寿命长，华北地区的群众把板栗叫做“铁杆庄稼”，是绿化结合生产的良好树种。板栗甘甜芳香，含淀粉51%～60%，蛋白质5.7%～10.7%，脂肪2%～7.4%，糖、粗纤维、胡萝卜素、维生素A、维生素B、维生素C及钙、磷、钾等矿物质，可供人体吸收和利用的养分高达98%。以10粒计算，热量为204卡路里，脂肪含量则少于1克，是有壳类果实中脂肪含量最低的。普遍用于食品加工，烹调宴席和副食。板栗生食、炒食皆宜，糖炒板栗、拌烧子鸡，喷香味美，可磨粉，亦可制成多种菜肴、糕点、罐头食品等。板栗易贮藏保鲜，可延长市场供应时间。板栗树干材质坚硬，纹理通直，防腐耐湿，是制造军工、车船、家具等的良好材料；枝叶、树皮、刺苞富含单宁，可提取栲胶；花是很好的蜜源。板栗各部分均可入药，板栗能健脾益气、消除湿热，果壳可治反胃，树皮煎汤可洗丹毒，根可治偏肾气等症。板栗是主要的木本粮食树种，在生态建设和粮食与生物质能源的战略储备方面具有不可替代的作用。板栗经济林不但能获取果实，而且还具有涵养水源、保持水土、防风固沙、调节气候、净化空气、减少噪音、防止污染、保护和美化环境以及对生物资源的保护等作用。尤其目前人类面临一些重大社会问题，如粮食、能源、原料和环境等问题，这些问题的解决都与林木培育、经营有着密切关系。因此，板栗产业的发展对解决我国现阶段生态环境脆弱、粮食自给能力不足、生物质能源短缺等问题不无裨益。

第二章　无公害果品

11. 什么是有机食品?

有机食品是英文 organic food 的直译名，是有机农业的产物。根据国际有机农业联盟(IFOAM，international federation of organic agriculture movement)的定义，有机食品是根据有机农业和有机食品生产、加工标准而生产出来的，经过授权的有机颁证组织发给证书，供人们食用的一切食品。是一类真正无污染、纯天然、高品位、高质量的健康食品，也可称为"生态食品"。AA 级绿色食品在标准上等效采用 IFOAM 的有机食品标准，在英文名称上与有机食品相同。有机农业的原则是在农业能量的封闭循环状态下生产，全部过程都利用农业资源，而不是利用农业以外的能源(化肥、农药、生产调节剂和添加剂等)影响和改变农业的能量循环。有机农业生产方式是利用动物、植物、微生物和土壤 4 种生产因素的有效循环，不打破生物循环链的生产方式。

12. 什么是绿色食品?

绿色食品源于绿色农业，是我国率先提出的概念，也是世界第一个由政府倡导开发的食品工程。1992 年 11 月 5 日中国绿色食品发展中心成立，此后，中国绿色食品发展中心在全国设立委托管理机构 36 个，分区域建立了绿色食品生产质量监测机构和绿色食品环境监测机构，形成了绿色食品管理和技术监督网络。1996 年 11 月，国家工商行政管理局核准注册我国第一例产品质量证明商标，即绿色食品标志。至此，我国绿色食品的标准、质量监测、标志认证体系基本形成。绿色食品是遵循可持续发展原则，按照特定的方式生产，经中国绿色食品发展中心认定，许可使用绿色食品标志的无污染的安全、优质、营养类食品。其产地必须符合绿色食品生产的生态环境标准，其生产、加工必须符合绿色食品的操作规程。

13. 什么是无公害食品?

无公害食品来源于无公害农业。无公害农业是 20 世纪 90 年代在我国农业和农产品加工领域提出的一个全新的概念。指的是在无污染区域或已消除污染的区域内，充分利用自然资源，最大限度地限制外源污染物质进入农业生产系统，以确保生产出无污染的安全、优质、营养类食品；同时，生产及加工过程不对环境造成危害。

14. 有机食品、绿色食品、无公害食品的不同点有哪些？

有机食品、绿色食品、无公害食品都是安全食品，安全是这三类食品突出的共性，它们从种植、收获、加工生产、贮藏及运输过程中都采用了无污染的工艺技术，实行了从土地到餐桌的全程质量控制，保证了食品的安全性。但是，它们又有不同：

(1) 标准不同

就有机食品而言，不同国家、不同认证机构，其标准不尽相同。在我国，2001 年 10 月国家环保总局发布了"有机食品认证管理办法"。2005 年 4 月 1 日起实施 GB/T 19630-2005 有机产品国家标准。2000 年 12 月美国公布了有机食品全国统一的新标准，日本在 2001 年 4 月公布了有机食品法(即 JAS 法)，欧洲国家使用欧盟统一标准 EECNO2092/91 及其修正案和 1804/99 有机农业条例。我国绿色食品标准是由中国绿色食品发展中心组织指定的统一标准，其标准分为 A 级和 AA 级。A 级的标准是参照发达国家食品卫生标准和联合国食品法典委员会(CAC)的标准制定的，AA 级的标准是根据 IFOAM 有机产品的基本原则，参照有关国家有机食品认证机构的标准，再结合我国的实际情况而制定的。无公害食品在我国是指产地环境、生产过程和最终产品符合无公害食品的标准和规范。这类产品中允许限量、限品种、限时间使用人工合成的化学农药、兽药、鱼药、肥料、饲料添加剂等。

(2) 标识不同

有机食品标识在不同的国家和不同的认证机构是不同的。绿色食品的标识在我国是统一的，也是唯一的，它由中国绿色食品发展中心制定、在国家工商局注册的质量认证商标。无公害食品的标识在我国由于认证机构的不同而不同。

(3) 级别不同

有机食品无级别之分，有机食品在生产过程中不允许使用任何人工合成的化学物质；而且，需要 3 年的过渡期，过渡期生产的产品为"转化期"产品。绿色食品分为 A 级和 AA 级两个等次。A 级绿色食品产地环境质量要求评价项目的综合污染指数不超过 1，在生产加工过程中，允许限量、限品种、限时间地使用安全的人工合成农药、兽药、鱼药、肥料、饲料及食品添加剂。AA 级绿色食品产地环境质量要求评价项目的单项污染指数不超过 1，生产过程中不得使用任何人工合成的化学物质，且产品需要 3 年的过渡期。无公害食品不分级，在生产过程中允许限量、限品种、限时间地使用安全的人工合成化学物质。

(4) 认证机构不同

在我国有机食品认证机构有两家最具权威性。一是国家环境保护部有机食品发展中心，它是目前国内有机食品综合认证的权威机构，其次是中国农业科学院茶叶研究所，该所在目前国内茶叶行业中认证最具权威。另外，亦有些国外有机食品认证机构在我国发展有机食品的认证工作。

(5)认证方法不同

在我国，有机食品和AA级绿色食品的认证实行检查员制度，在认证方法上是以实地检查认证为主、检测认证为辅，有机食品的认证重点是农事操作的真实记录和生产资料购买及应用记录等；A级绿色食品和无公害食品的认证是以检查认证和检测认证并重的原则，同时强调从土地到餐桌的全程质量控制，在环境技术条件的评价方法上，采用调查评价与检测认证相结合的方式。

15. 绿色食品生产基地的选择要注意哪几个方面?

由于绿色食品是无污染的安全、优质、营养的食品，其产地必须符合绿色食品的生态环境标准，因此，绿色食品生产基地的选择显得十分重要。产地应选择在空气清新、水质纯净、土壤未受污染、具有良好农业生态环境的地区，尽量避开繁华都市、工业区和交通要道，多选择在边远省区、农村等。选择绿色食品生产基地时，要注意以下几个方面：

(1)生态环境条件

建立绿色食品生产基地时，应注意选择生态环境良好的区域，要求基地周围30千米范围内不得有大量排放氟、硫等有毒气体的大型化工厂，尤其是在上风方向不得有污染源，不能有大型水泥厂、石灰厂、火力发电厂等大量排放烟尘和粉尘的工厂，森林覆盖率高，远离交通要道，附近没有铜矿、硫矿等矿产资源。生产和生活用的燃煤锅炉需要有除烟尘和除硫的装置。

(2)大气环境条件

绿色食品生产基地大气质量要求稳定，大气环境条件主要考虑总悬浮颗粒物(TSP)、二氧化硫(SO_2)、氮氧化物(NO_X)、氟化物(F)、铅(Pb)等5个方面。大气环境状况要经过连续3年的抽样观察测定，测定结果要符合国家规定标准：

绿色食品产地大气质量标准

项目	日平均	1h平均
总悬浮颗粒物(TSP)(标准状态)，mg/m^3 ≤	0.3	—
二氧化硫(SO_2)(标准状态)，mg/m^3 ≤，	0.15	0.50
氮氧化物(NO_x)(标准状态)，mg/m^3 ≤	0.10	0.15
氟化物(F)，$\mu g/(dm^2 \cdot d)$ ≤	7	20

(3)土壤环境条件

绿色食品产地土壤元素要求位于背景值正常的区域，周围没有金属或非金属矿山；土壤肥沃、有机质含量高、土壤质地良好，根系主要分布层的土壤重金属元素和农药残留量要符合下表：

绿色食品产地土壤环境质量标准

项目	NY/T 391 - 2000 旱田标准		
	pH < 6.5	pH 6.5 ~ 7.5	pH > 7.5
镉，mg/kg ≤	0.30	0.30	0.40
汞，mg/kg ≤	0.25	0.30	0.35
铅，mg/kg ≤	25	20	20
砷，mg/kg ≤	30	50	50
铬，mg/kg ≤	120	120	120
铜，mg/kg ≤	50	60	60

(4) 灌溉水条件

绿色食品生产基地要选择地表水、地下水水质清洁、无污染的地区，水域、水域上游没有对该产地构成污染威胁的污染源；灌溉水质量要有保障，不能含有污染物，特别是重金属和有毒物质(如汞、铅、铬、镉、氟等)，符合绿色食品水质(农田灌溉水、渔业水、畜禽饮用水、加工用水)环境质量标准，具体指标如下表：

绿色食品产地灌溉水质量标准

项　目	NY/T 391 - 2000 标准
pH 值	5.8 ~ 8.5
总汞，mg/L ≤	0.001
总镉，mg/L ≤	0.005
总砷，mg/L ≤	0.05
总铅，mg/L ≤	0.1
铬(6 价)，mg/L ≤	0.1
氟化物，mg/L ≤	2.0

16. 绿色食品生产中农药的使用要遵守哪些原则？

(1) 生产 AA 级绿色食品的农药使用准则

应首先选用 AA 级绿色食品生产资料农药类产品。在 AA 级绿色食品生产资料农药类不能满足植保工作需要的情况下，允许使用以下农药及方法：

1) 中等毒性以下植物源杀虫剂、杀菌剂、拒避剂和增效剂，如除虫菊素、鱼藤根、烟草水、大蒜素、苦楝、川楝、印楝、芝麻素等。

2) 释放寄生性捕食性天敌动物、昆虫、捕食螨、蜘蛛及昆虫病原线虫等。

3)在害虫捕食器中允许使用昆虫信息素及植物引诱剂。

4)允许使用矿物油和植物油制剂。

5)允许使用矿物源农药中的硫制剂、铜制剂。

6)经专门机构核准，允许有限度地使用活体微生物农药，如真菌制剂、细菌制剂、病毒制剂、放线菌、拮抗菌剂、昆虫病原线虫、原虫等。

7)允许有限度地使用农用抗生素制剂，如春雷霉素、多抗霉素(多氧霉素)、井冈霉素、农抗120、中生菌素、浏阳霉素等。禁止使用有机合成化学杀虫剂、杀螨剂、杀线虫剂、除草剂、植物生长调节剂。禁止使用生物源、矿物源农药中混配有机合成农药和各种制剂。严禁使用基因工程品种(产品)及制剂。

(2)生产A级绿色食品的农药使用准则

应首先选用AA级和A级绿色食品生产资料农药类产品。在AA级和A级绿色食品生产资料农药类产品不能满足植保工作需要的情况下，允许使用以下农药及方法。

1)中等毒性以下植物源农药、动物源农药和微生物源农药。

2)在矿物源农药中允许使用硫制剂、铜制剂。

3)可以有限度地使用部分有机合成农药，并按GB 4285、GB 8321.1、GB8321.2、GB 8321.3、GB 8321.4、GB/T 8321.5的要求执行。此外还需严格执行以下规定：①应选用上述标准中列出的低毒农药和中等毒性农药；②严禁使用剧毒、高毒、高残留或具有三致毒性(致癌、致畸、致突变)的农药；③每种有机合成农药(含A级绿色食品生产资料农药类的有机合成产品)在一种作物的生长期内只允许使用一次(其中菊酯类农药在生长期只允许使用一次)。

4)应按照GB 4285、GB 8321.1、GB8321.2、GB 8321.3、GB 8321.4、GB/T 8321.5的要求控制施药量与安全间隔期。

5)有机合成农药在农产品中的最终残留应符合GB 4285、GB 8321.1、GB8321.2、GB 8321.3、GB 8321.4、GB/T 8321.5的最高残留限量(MRL)要求。严禁使用高毒高残留农药防治贮藏期病害虫。严禁使用基因工程品种(产品)及制剂。

生产A级绿色食品禁止使用的农药

种　　类	农药名称	禁止作物	禁用原因
有机氯杀虫剂	滴滴涕、六六六、林丹、甲氧滴滴涕、硫丹	所有作物	高残毒
有机氯杀螨剂	三氯杀螨醇	蔬菜、果树、茶叶	工业品中含有一定数量的滴滴涕

续表

种　类	农药名称	禁止作物	禁用原因
有机磷杀虫剂	甲拌磷、乙拌磷、久效磷、对硫磷、甲基对硫磷、甲胺磷、甲基异柳磷、治螟磷、氧化乐果、磷胺、敌虫硫磷、灭克磷（益收宝）、水胺硫磷、氯唑磷、硫线磷、杀扑磷、特丁硫磷、克线丹、苯线磷、甲基硫环磷	所有作物	剧毒、高毒
氨基甲酸酯类杀虫剂	涕灭威（铁灭克）、克百威（呋喃丹）、灭多威、丁硫克百威、丙硫克百威	所有作物	高毒、剧毒或代谢物高毒
拟除虫菊酯类杀虫剂	所有拟除虫菊酯类杀虫剂	水稻及其他水生作物	对水生作物毒性大
二甲基甲脒类杀虫杀螨剂	杀虫脒	所有作物	慢性毒性、致癌
卤代烷类熏蒸杀虫剂	二溴乙烷、环氧乙烷、二溴氯丙烷、溴甲烷	所有作物	致癌、致畸、高毒
阿维菌素		蔬菜、果树	高毒
克螨特		蔬菜、果树	慢性毒性
有机砷杀菌剂	甲基胂酸锌（稻脚青）、甲基胂酸钙（稻宁）、甲基胂酸铁铵（田安）、福美甲胂、福美胂	所有作物	高残毒
有机锡杀菌剂	三苯基醋酸锡（薯瘟锡）、三苯基氯化锡、三苯基羟基锡（毒菌锡）	所有作物	高残留、慢性毒性
有机汞杀菌剂	氯化乙基汞（西力生）、醋酸苯汞（赛力散）	所有作物	高毒、高残毒
取代苯类杀菌剂	五氯硝基苯、稻瘟醇（五氯苯甲醇）	所有作物	致癌、高残留
2,4-D 类化合物	除草剂或植物生长调节剂	所有作物	杂质致癌
二苯醚类除草剂	除草醚、草枯醚	所有作物	慢性毒性
植物生长调节剂	有机合成的植物生长调节剂	所有作物	

17. 绿色食品生产中肥料的使用要遵守哪些原则?

农业部2000年发布实施了《绿色食品肥料使用准则》(NY/T 394－2000),规定了绿色食品生产中肥料的使用标准。标准规定肥料使用必须满足作物对营养元素的需要,使足够数量的有机物质返回土壤,以保持或增加土壤肥力及土壤生物活性。所有有机或无机(矿质)肥料,尤其是富含氮的肥料应确定其对环境和作物(营养、味道、品质和植物抗性)不会产生不良后果后,才能使用:

(1)允许使用的肥料种类

1)农家肥:由大量生物物质、动植物残体、排泄物、生物废物等积制而成,包括堆肥、沤肥、厩肥、沼气肥、绿肥、作物秸秆肥、泥肥、饼肥等。

2)商品肥料:按国家法规规定,受国家肥料部门管理,以商品形式出售的肥料。包括商品有机肥、腐殖质类肥料、微生物肥、有机复合肥、无机(矿质)肥、叶面肥、有机无机肥(半有机肥)、掺和肥等。

3)其他肥料:不含有毒物质的食品、纺织工业的有机副产品,以及骨粉、骨胶废渣、家禽家畜加工废料、糖厂废料等有机料制成的肥料。

(2)生产AA级绿色食品的肥料使用原则

1)必须选用AA级绿色食品生产允许使用的肥料种类,禁止使用任何化学合成肥料。

2)禁止使用城市垃圾和污泥、医院的粪便垃圾和含有害物质(如毒气、病原微生物、重金属等)的工业垃圾。

3)各地可因地制宜采用秸秆还田、过腹还田、直接翻压还田等形式。

4)利用覆盖、翻压、堆沤等方式合理利用绿肥。

5)腐熟的沼气液、残渣及人畜粪尿可用作追肥。严禁施用未腐熟的人粪尿。

6)饼肥优先用于水果蔬菜等,禁止使用未腐熟的饼肥。

7)叶面肥料应符合GB/T 17419或GB/T 17420的技术要求。按使用说明稀释,在作物生长期内,喷2次或3次。

8)微生物肥料可作基肥和追肥使用。使用时应严格按照使用说明书的要求操作。微生物肥料中有效活菌的数量应符合NY 227-1994中4.1及4.2的规定。

9)选用无机(矿质)肥料中的煅烧磷酸盐、硫酸钾质量应符合下表要求:

肥料种类	营养成分	杂质控制指标
煅烧磷酸盐	有效五氧化二磷(P_2O_5)≥12%	每含1%五氧化二磷(P_2O_5) 砷(As)≤0.004% 镉(Cd)≤0.01% 铅(Pb)≤0.002%

续表

肥料种类	营养成分	杂质控制指标
硫酸钾	氧化钾(K_2O)50%	每含1%氧化钾(K_2O) 砷(As)≤0.004% 氯(Cl)≤3% 硫酸(H_2SO_4)≤0.5%

(3)生产A级绿色食品的肥料使用原则

1)必须选用A级绿色食品生产允许使用的肥料种类。

2)化肥必须与有机肥配合施用，有机氮与无机氮之比不超过1∶1。

3)化肥也可与有机肥、复合微生物肥料配合施用。

4)城市生活垃圾一定要经过无害化处理，质量达到GB 8172-1987中1.1的技术要求才能使用。每年每公顷农田限制用量，黏性土壤不超过45000千克，沙性土壤不超过30000千克。

5)秸秆还田：同AA级绿色食品的肥料使用原则中的3)，还允许用少量氮素化肥调节碳氮比。

6)其他使用原则，与AA级绿色食品的肥料使用原则中的4 ~ 8要求相同。

(4)其他规定

1)生产绿色食品的农家肥料无论采用何种原料(包括人畜禽粪尿、秸秆、杂草、泥炭等)制作堆肥，必须高温发酵，以杀灭各种寄生虫卵和病原菌、杂草种子，使之达到无害化卫生标准。农家肥料原则上就地生产、就地使用。外来农家肥料应确认符合要求后才能使用。商品肥料及新型肥料必须通过国家有关部门的等级认证及生产许可，质量指标应达到国家有关标准要求。

2)因施肥造成土壤污染、水源污染，或影响农作物生长、农产品达不到卫生标准时，要停止施用该肥料，并向专门管理机构报告。用其生产的食品也不能继续使用绿色食品标志。另外，在绿色食品生产的整个过程中，还要注意严格控制贮藏和销售过程中的污染，保证采收、贮藏及运输设备卫生、洁净、密闭，减少微生物及外界环境对其进行后期污染。

18.“有机板栗”生产的主要内容有哪些?

在板栗生产上，近年来专家们提出了“有机板栗”的概念。“有机板栗”是20世纪90年代板栗生产的一个新概念，其主要内容是利用地下通气排灌设施，深施重施磷混有机肥，杜绝施用剧毒农药防治病虫害，合理利用果(林)粮(草)长期间作及果树行带地面覆盖等五项措施，以期充分利用本地的水、肥、土、光、热等资源，生产优质丰产的“绿色食品”，并改善生态环境，开拓国土资源。

19. 我国"森林农业"与国外"有机农业"的区别是什么?

我国原有的"森林农业"措施，仅注意在果园内杜绝施用有毒农药，激素，除草剂，但国外"有机农业"，却连部分对环境也会产生污染的如尿素、氯化钾等化肥，也禁止施用。进一步保证了利用本地原有条件，加速生物循环，生产绝对不受污染的"有机食品"，以确保人体健康。

20. 大力发展绿色食品生产的前景如何?

随着人民生活水平的不断提高和健康意识的日益增强，对食品质量提出的要求越来越高，安全、优质、营养丰富的绿色食品将成为人们消费的主要目标。生产绿色优质食品，是国内外食品生产发展的总趋势，也是农业可持续发展的重要内容。不仅可以满足人民生活的需求，保证人民的健康，而且，可以保护人类赖以生存的生态环境。因此，发展绿色食品生产前景广阔。

第三章　花桥板栗苗木繁育技术

21. 苗圃地该如何选择?

根据绿色食品生产基地要求，应选择在空气清新、水质纯净、土壤未受污染、具有良好农业生态环境的地区建园，尽量避开繁华都市、工业区和交通要道，多选择在边远省区、农村等。土壤、大气、灌溉水质量符合 NY/T 371-2000 规定。一般应选择平地或缓坡地作为花桥板栗苗圃地，用水稻田改造的苗圃地要注意修建排水沟。

22. 苗圃地如何整地?

花桥板栗圃地应于秋末冬初全面深翻整平。耕翻深度以 30 ~ 40 厘米为宜。翻后不耙，经冬季冻垡，使土壤进一步风化。开春后每亩施入腐熟有机肥5000 ~ 10000 千克，然后耕翻耙细。经过深翻冻垡和土壤处理，次年病虫害会明显减少，有利于播种苗的生长。

23. 板栗优质砧木的培育包括哪些主要步骤?

板栗优质砧木的培育包括：种子采集、种子贮藏、苗圃地选择与整地、播种、实生苗管理。

24. 板栗种子采集要注意哪些问题?

母株优良健壮。培育优良砧木苗所用的板栗种子，应从品种优良、树体丰产、枝条健壮的成年母树上采集。要求板栗种子饱满充实、成熟度高、无病虫害，种子以中等大小为宜。

果实适时采收。当栗苞变黄、种皮红褐色、树体上有 60% 以上的球苞开裂时，即可采收。采收过早，种子成熟度低，果实不饱满，不耐贮藏，出苗率低，苗木长势弱。板栗种子采收后，通常需经 30 ~ 60 天休眠才具备发芽能力。不同品种和不同产区间，板栗种子休眠期差异很大。南方板栗品种群在 0 ~ 5℃ 的低温条件下，30 天就有 50% 左右的种子胚根萌动；北方品种群需 40 ~ 60 天才能萌动。种子采收后应放在阴凉通风处摊晾，厚度不要超过 20 厘米，每天翻动 2 ~ 3 次，2 ~ 3 天后即可进行沙藏。

25. 播种前如何处理板栗砧木种子?

种子播种前，应先行精选，剔除有病虫、霉烂和机械损伤的种子，保留色鲜、饱满的种子备用。

用 0. 2% 的高锰酸钾溶液浸泡 15 ~ 30 分钟，先捞出丢弃不饱满的浮粒，然后捞出饱满粒，阴干后沙藏。

备足干净的河沙，以中粗沙为宜。沙子含水量以手握成团、松手即散为度。沙藏种子的库房，先用15%的福尔马林溶液消毒，密封24小时，然后通风，即可用于沙藏种子。沙藏时，先在地面铺5厘米厚的河沙，再按1份种子与3份河沙的比例混匀后沙藏。沙藏以厚60厘米、宽80厘米左右为宜，最后在上面盖一层10厘米厚的河沙，长度视种子多少而定。板栗种子从采收到播种需经5个月左右的时间，此期应注意沙藏种子的管理。室内温度保持0~5℃，相对湿度75%~95%。沙藏期的前60天，因气温较高，为“霉烂危险期”，应每半月翻动一次，以防霉烂变质。沙子过干时，应适当洒水补充水分，防止种子硬化。播种前半个月可适当提高沙子湿度，以利于种子吸水萌芽。在沙藏条件下，播种前胚根已经萌发，生长到1厘米左右时，断根尖后播种，能促使苗木多发侧根、须根，促进苗木生长，尽快形成适于移栽的优质壮苗。

26. 板栗砧木种子如何播种?

播种分春播和秋播。因秋播易引起种子霉烂，且种子易遭受鼠、兽危害，造成缺苗断垄，因此，生产上多采用春播。春播宜在3月中、下旬进行，地温回升到10~20℃是播种的最佳时期。

我国南方雨水较多，宜采用高床育苗，床高15厘米左右，圃地边沟应深于床沟，以利于排水。苗床长一般10~15米，床宽1.2米。苗床筑好后灌足底水，待散土时播种。可采用纵行开沟条播，行距30~40厘米，株距10~15厘米，每亩播种量为100~150千克。播种时种子应平放，尖端不要朝上或朝下，以利于出苗，覆土3~4厘米。从播种到出苗阶段一般不要漫灌，以免土壤板结，引起种子霉烂，影响出苗率。

春播后，可覆盖地膜，提高土壤温度，保持土壤水分，促使幼苗早出土，延长生长期，有利于培育壮苗。幼苗出土时要及时破膜，并用细土封压幼苗根部，以免烫伤苗木。

27. 板栗砧木苗的培育过程如何?

培育板栗砧木最好采用充分成熟、中等大小的种子，成熟种子耐贮，大小以135粒/千克为宜(采用冬播加薄膜覆盖可使用180粒/千克的种子)。苗圃地以疏松沙壤土和轻黏壤土为宜，要求排水良好，地势平坦、开阔，光照充足。基肥应在上年深挖整理圃地时施入，最迟也应在播种前1个月翻入土，以便腐熟分解，及时满足苗木生长需要。常用施肥量：菜饼500千克/亩，钙镁磷肥70~150千克/亩，堆肥或厩肥1000~2000千克/亩。大面积播种宜在2月20日以后进行，此时种子在室内已开始发芽，土温开始回升，出苗快而整齐，节约用地，而且当年的生长量大于早播的。播种时不需盖稻草和薄膜，盖土厚度约1厘米，播种后及时浇足水。苗木生长期应及时进行中耕除草，加强土肥水管理及病虫害防治。

28. 板栗砧木苗管理要注意哪些问题?

(1)中耕除草

幼苗出土后，应及时中耕除草。中耕除草可改善土壤结构、减少水分蒸发、防止苗床板结，是培育优质壮苗的关键措施之一。

(2)苗期追肥

幼苗出土1个月后，种子内养分已基本耗尽，必须及时补充养分。可于6月上旬、8月上旬各追肥一次，每亩施速效肥5千克。施肥可结合灌水或雨天进行。

(3)灌水与排水

幼苗出土后应及时灌一次透墒水，这是因为幼苗根系尚未发育完全，既不耐旱也不耐涝。苗期灌水应视天气和土壤干旱情况而定。幼苗怕水淹，积水3天就会使其菌根全部死亡，因此，雨季应及时排水。

(4)病虫害防治

板栗幼苗十分幼嫩，易遭地下害虫及立枯病危害，应及时防治。

29. 花桥板栗采穗圃如何管理?

花桥板栗采穗圃管理应注意以下环节：

(1)施肥

高接的花桥板栗树或当年定植的花桥板栗树，在当年的6~8月份，每株施复合肥0.2千克，分2~3次开沟施入，7月份每株施腐熟人粪尿5千克，施肥与浇水结合进行，以后逐渐加大施肥量，每年每株增施尿素0.2千克，复合肥0.1~0.2千克，土杂肥50千克。施肥原则上应基肥重施，追肥少量多次施入，以补充采穗后树体的养分损耗。

(2)抚育管理

为保证花桥板栗幼树的正常生长，防止土壤板结，雨后应及时松土除草，以减少水分蒸发及杂草与幼树争肥水的矛盾。

(3)浇水与排水

花桥板栗苗木定植后要做好排、灌水工作，以最大限度地避免旱涝对树体生长的影响。

30. 如何选择花桥板栗接穗?

花桥板栗接穗应从生长健壮、丰产性好、抗逆性强、无病虫害的成年花桥板栗母树上选择。具体步骤包括采集接穗和蜡封接穗。

31. 如何采集花桥板栗接穗?

接穗以花桥板栗树冠外围中上部发育充实粗壮的枝条为最好。该种枝条嫁接成活率高，成活后生长健壮，开花结实早。采集接穗最佳时期为芽萌动前20~40天。若采集过早，则贮藏期过长，接穗易霉烂干枯；若采集过晚，则往往影响嫁接成活率。适时采集接穗，可有效延长嫁接时期，明显提高嫁接成活率。

32. 如何对花桥板栗接穗进行蜡封?

将采集的花桥板栗接穗截成 10 厘米左右的小段，每段接穗至少留两个以上的饱满芽。蜡封接穗时，先将工业石蜡在容器中熔化，当其温度升到 100 ~ 110℃ 时，即可对接穗进行蜡封处理。若经验不足，也可把石蜡放入烧杯、瓷茶缸或铁制罐头盒内，再将盛有石蜡的容器放入大一些的铁锅或铝锅内加热，石蜡达到所需温度时即可蜡封接穗。蜡液温度过高或过低时，蜡封都不理想。若蜡液温度过低，则形成的蜡层厚且不均匀，蜡层易开裂或脱落，起不到保水作用；若蜡液温度过高，则易烫伤接芽。蜡封时先拿着接穗的一头，蘸蜡后立即取出，倒过来再蘸另一头，使整个接穗表面蒙上一层均匀的蜡膜。操作熟练后，一次可同时蜡封几根接穗。

蜡封可保持接穗生活力和减少水分蒸发。据测定，蜡封能抑制接穗 90% 以上的水分蒸发，提高嫁接成活率和劳动效率。蜡封接穗，省工省料，嫁接成活率高，深受栗农欢迎。

33. 板栗常用哪些方法嫁接?

板栗常用嫁接方法有劈接、插皮舌接、插皮接、腹接和带木质部单芽“菱”形芽接等。

(1) 劈接

劈接为砧木和接穗皆未离皮时采用的一种嫁接方法，也是目前生产中常用的方法之一。其优点是砧木和接穗结合牢固，不易风折，成活后长势旺，成苗快，是培育嫁接苗的主要方法。劈接时，从嫁接部位将砧木剪断，削平断面，用刀将砧木断面从中间垂直劈开，劈口深约 5 厘米，把蜡封接穗削成长约 5 厘米的楔形，削面要平滑，入刀处要陡一些，然后用刀子撬开砧木劈口，将接穗插入，使砧木和接穗的形成层相互吻合，接穗削面上部要有 0.5 厘米的“留白”，以利接口处愈伤组织充分愈合。最后，用塑料薄膜带将接口绑紧捆严。

(2) 插皮舌接

砧木和接穗皆离皮时，可采用此法。首先将砧木从嫁接部位截断，削平断面，在砧木平直处削去一段(长 5 厘米，深达嫩皮)老皮，然后在接穗下端削一长 3 ~ 5 厘米的马耳形斜面，入刀处要陡直些，再把斜面背后的皮层捏开，将接穗木质部从砧木削去老皮处上方插入砧木形成层内，接穗斜面背后的翘皮被包在砧木的嫩皮上，削面上端留 0.3 厘米的“留白“。最后，用塑料薄膜带将接口绑扎紧密。若砧木较粗，则可错开方位分别插入 2 ~ 3 个接穗，有利于接口断面伤口愈合。

(3) 插皮接

在砧木已离皮，接穗尚未离皮时，可采用此法。首先将砧木截断，削平断面；然后削接穗，在接穗下端削一个长 3～5 厘米的马耳形斜面，入刀处要陡一些，深达髓部后，较平直地向下斜削，再于马耳形背面的两侧各削一刀，深达韧皮部即可。背面不削，嫁接成活率可达 90% 以上。最后在砧木皮层光滑处，用刀尖将皮层挑开，深达木质部，将接穗插入接口的形成层内，削面上端留 0.3 厘米的“留白”。若砧木过粗，则可错开方位，分别接 2～3 个接穗。然后用塑料薄膜带绑扎紧。

(4)带木质部芽接

砧木和接穗皆未离皮时，可采用此法；砧木和接穗、离皮时也可采用此法。此法节省接穗，操作简单，成活率高，伤口愈合快。削接穗时从芽的上方 1.5 厘米处以 45°下刀，当刀进入木质部 0.2～0.3 厘米后，平直向前推进，长达 3 厘米时将刀退出，再于芽下方 1.5 厘米处以 45°角下刀，取下芽片。在砧苗离地面5～10 厘米处，选一光滑面，以同样的方法，切一个与芽片大小、形状相似的接口即可。接口切好后，随即将已削好的芽片插入接口，将砧木与芽片的形成层至少一边对准，用塑料带将插好的芽片绑紧封严，只让芽子露出，成活后从接芽以上部位剪砧即可。

(5)皮下腹接

砧木地径在 0.5～1.5 厘米之间的小苗，均可采用此法嫁接。将接穗下端削成长 5 厘米的斜面，入刀处要陡一些，深达径粗的一半时，将刀略斜向前直推，然后从接穗背面下端 1 厘米处下刀，削一小斜面即成。在砧木离地面 7～10 厘米处，选一光滑面入刀，刀口要陡一些，深达干粗一半时，再将刀较平斜地向外下切，刀口长 4 厘米。砧口削好后，立即将接穗插入接口，并使二者的形成层相互对好，从接口部位以上剪砧后，用塑料薄膜带将接穗绑紧，封严即成。

(6)根接

根接是利用板栗根作砧木的一种嫁接方法。板栗苗出圃后土壤中残留大量的板栗根系，据估算，每亩地的残留断根可以嫁接 1 万株到 2 万株板栗苗，当年苗可生长到 60～80 厘米高。利用该项技术育苗，成本低，见效快，易管理。其嫁接方式有两种，一是立春后室内嫁接，利用地窖沙藏假植，3 月上旬定植到大田；二是在苗圃地不动根嫁接。两种嫁接方式相比，前者嫁接方便，栽植后便于管理，缺点是缓苗期长，成活率低；后者优点是嫁接成活率高，生长量大，但不便于管理。各地可根据生产情况自定采用方法。

34. 花桥板栗苗木何时嫁接最好?

大面积花桥板栗苗木嫁接宜以秋季嫁接为主，春季嫁接为辅。秋季嫁接成活率高，操作方便，省工省力，花桥板栗在湖南湘潭的嫁接时间以 9 月中旬至 10 月上旬最佳，少部分未成活的春季可再补接 1 次，能大大提高单位面积花桥板栗嫁接苗的出圃率。

35. 花桥板栗嫁接苗如何管理？

嫁接成功与否，不仅要看嫁接成活率，还要看存活率和接口愈合程度(要求接口当年愈合或大部分愈合)及接穗生长发育情况(要求生长量高于原砧木年生长量，大田嫁接的植株经摘心，当年能够形成或恢复树冠)，所以嫁接后的管理是十分重要的。嫁接后管理主要有以下几个方面：

(1)剪砧和补接

采用秋季带木质部芽接的苗木，在翌春发芽前，要及时进行剪砧。剪口离接芽0.5~1.0厘米为宜。对芽接未成活的要及时进行补接。

(2)除萌

嫁接后必须多次、及时疏除砧木萌蘖。

(3)补接

利用预贮接穗，在判断出接穗未能成活后，及时在原接口以下剪砧补接。在嫁接当年进行补接，可以提高嫁接存活率，保证树冠当年成形。

(4)绑支柱

接穗萌发的新梢在未木质化前或接穗与砧木未完全愈合之前，很容易遭风害折损，必须绑支柱支持。方法是在新梢生长至30厘米左右时，将剪砧时剪留的或另行筹集的粗3厘米左右、长80~100厘米的木棒，下端约20厘米牢固绑缚在砧木上，上端将新梢宽松地拴拢。随新梢生长每30厘米拴缚一次。每一接口都应绑一支柱。大接口可用塑料袋包扎。

(5)解除绑扎物

在枝干加粗生长的高峰期前，解除接口处的绑扎材料，以防勒进砧木和接穗组织中形成“勒痕”。勒痕处的死组织很难再完全愈合，容易折断。枝干的加粗生长高峰期(7月中旬至7月下旬)也正值高温多雨季节，解除绑扎物还可以避免接口积水腐烂。

(6)施肥与灌水

嫁接树在5月中旬、6月下旬各追肥1次，并根据新梢生长状况进行1次至数次根外追肥，遇干旱时及时灌水。

(7)松土除草

杂草与苗木争肥争水，应及时进行松土除草，保持苗床土壤疏松。

(8)病虫害防治

重点防治枝、叶部害虫，如金龟子、栗大蚜、红蜘蛛等。

36. 花桥板栗壮苗标准是什么？

合格的花桥板栗嫁接苗，应具备以下几个条件：

(1)无检疫对象和危险性病虫害

板栗苗木出圃前，必须进行检疫，若有检疫对象或危险性病虫害，则不能出圃，应就地妥善处理或销毁。

(2)苗木规格达标

地径0.6厘米以上，苗高100厘米以上。主干通直，组织充实，芽体饱满，生长发育良好，无机械损伤。根系完整，长20厘米以上的侧根5条以上。

(3)品种纯正

壮苗要求品种必须纯正。

37. 花桥板栗起苗要注意什么问题?

冬季至春季芽萌动前为苗木大量出圃期。为提高苗木栽植后成活率，应做到随起、随运、随栽植。出圃前应对苗木品种、数量和各级别进行调查统计，核准后编制出圃计划。土壤干旱时应在起苗前10天进行灌水，避免起苗时伤根过多。调运苗木时，备足包装材料和运输工具。起苗时应尽量保持苗木根系完整，主、侧根不劈、不裂，根系长度保留20厘米以上。起苗后，按苗木规格要求进行分级，对不符合要求的等外苗，应留圃继续培养。

38. 花桥板栗起苗后在包装与运输上应注意什么问题?

在苗木调运过程中，应根据路途长短，妥善安排包装。长途运输时，应将苗木根系蘸上黄泥浆，按每50株一捆捆好，装入蒲包、草袋或其他包装材料中。为了保持苗木根系湿润，包装袋内应塞满湿草，然后挂上标签，迅速起运。运到栽植地点后，应立即栽植。在苗木运输过程中，应始终保持苗木根系潮湿，过于干燥应及时洒水。大批量调运苗木时，不能堆积过高过厚，以免发热烧根，导致根系霉烂，影响造林成活率。多年生大苗移栽时，必须带适量的土球，否则，成活率低。

39. 花桥板栗高接时的技术要点有哪些?

花桥板栗高接时的技术要点主要有以下几个方面：

(1)高接换头准备工作

1)接穗准备：发芽前20~30天，采集优良品种接穗，将其进行低温湿沙窖藏，贮藏窖温为3~5℃。

2)蜡封接穗：嫁接前2~3天蜡封接穗。先将贮藏的接穗枝条剪成8~10厘米的小段，每段顶端保留1~2个发育饱满的芽，然后将剪好的接穗两端分别蘸取融蜡，蜡封后装入塑料薄膜袋内封严，放入低温潮湿处待用。蜡封接穗时动作要快，蜡液温度保持在90~100℃之间。

3)嫁接工具和材料的准备：主要包括包扎接面用纸、塑料薄膜、塑料条以及常用嫁接工具。

(2)嫁接部位

可采取低截干多头高接技术，5~7年生的幼龄旺树，嫁接部位在主枝20~30厘米处为宜。

(3)选配优良授粉品种

花桥板栗宜选用的授粉品种为九家种、铁粒头等优良品种。

(4)嫁接时期和方法

1)时期：枝接以春季发芽前20天至发芽后10天为最适宜。

2)方法：主要采用插皮接和插皮舌接法。插皮接法，是在砧木已离皮，接穗尚不离皮时采用；若砧木、接穗均已离皮，宜采用插皮舌接法。锯砧时间宜在树液流动前的休眠期进行，这样树体养分不易流失，嫁接后接穗抽条强壮。锯砧时应根据树冠大小、主从关系、骨干枝粗度合理安排，原则是在维持原树体骨架的基础上，按照“自然开心形”或“变则主干形”的树形要求，并结合实际情况，确定锯砧部位，锯口处粗度以2~5厘米为宜，基枝保留长度为20~30厘米。对多余大枝、重叠枝、交叉枝、病虫枝全部疏除。砧木处理的关键是削平截面，并削去长约8厘米的一段老树皮，深度以露嫩皮为宜。接穗下端的削面要呈4~5厘米的马耳形斜面。接穗插入后，务必用塑料条将接口绑紧封严，并在接穗上套以微薄塑料袋保护芽眼，以防害虫危害。为使伤口尽快愈合，并保证一次嫁接成功，根据砧木粗度，可沿砧木周围分别插入2~3个接穗。

(5)接后管理

嫁接后当年管理至关重要，必须及时清除砧木上的萌蘖，以保证接芽吸收营养。如果接穗没有成活，萌芽不要清除，以便下年嫁接。接穗嫁接成活，当新梢长到20~30厘米时，及时绑设防风支架。高接后由于养分供应集中，枝条生长量大，叶片厚，易遭风折，绑设防风支架可以免遭风害。嫁接愈合部已木质化时，要及时松绑，把嫁接部位的塑料条松开，一定要适时解除接口上的全部包扎物。接后要适时摘心，具体做法是在新梢长到40厘米时，摘心至半木质化处，以后每长30、40厘米时摘心1次，生长季节可连续摘心3~4次，促使多分枝。此外，还要注意肥水管理、中耕除草和病虫害防治。实践证明，花桥板栗接后当年冠幅可达2米，有的开始结果；第2年冠幅可达3~4米，每株结果1千克以上；第3年可进入丰产。

第四章　花桥板栗建园

40. 影响花桥板栗生长发育的气候条件有哪些?

影响花桥板栗生长发育的气候条件有:

(1)温度

在年平均气温7～17℃范围内，均适于板栗生长。花桥板栗休眠期能忍耐－20～－18℃的低温，绝对最低气温以－25℃为其临界值，超过临界低温就会发生冻害，甚至死亡。最高气温超过39.1℃时花桥板栗正常生长发育会受到影响。

(2)光照

花桥板栗为喜光树种，较强的光照才能满足其光合作用的需要。生产上采用合理的栽培管理技术，增加栗园光照强度，可有效提高果实产量。花桥板栗光照不足时，分枝力弱，直立生长，发育不良，结果迟，病虫害严重。其内膛光照不足时，下部枝条枯死，内膛空虚，枝干光秃。栽培时应适地适树、合理密植，并进行合理的整形修剪，改善光照条件。

(3)水分

水是构成花桥板栗树体的重要组成部分。枝干、叶、根和栗实含水量占树体总重量的40%～70%。水还参与板栗树体各种物质的合成与转化，并使树体各部分保持新鲜状态。土壤含水量在5.1%、持水量在32.4%时，花桥板栗树体出现萎蔫和黄叶现象，生长发育受阻；土壤含水量在8.99%～10%、持水量在56.9%～63.41%时，栗叶肥大，颜色深绿，生长发育良好。板栗的幼苗既不耐干旱，又不耐水涝。据测定，栗苗在土壤湿度为14.8%时，生长受到抑制，下降到10.3%时开始枯萎。所以在育苗和幼苗期应注意及时排水和灌水。板栗树虽然对雨水要求不严，但在长期积水和地下水位高的地方，可导致栗树根系腐烂，甚至树体死亡。因此，花桥板栗建园也应注意排灌设施的建设。

41. 花桥板栗生产基地选择受哪些条件的影响?

温度、水分、空气、光照、土壤和养分等都会影响板栗的品质，故花桥板栗生产基地选择时要注意远离直接污染源(“三废”的排放)和间接污染源(上风口和上游水域的污染)，基地要距离公路100米以外，该地域的大气、土壤、灌溉水要符合国家标准。

42. 花桥板栗建园选址时应注意哪些问题?

花桥板栗建园选址时应注意以下几方面:

(1) 交通条件

栗实既怕热、怕干，又怕水、怕冻，比较娇气，贮运中容易产生霉烂现象。所以建园时应考虑交通条件要便利。但同时又怕污染，所以优质板栗基地必须远离城市和交通要道，周围无工业或矿山的直接污染源（"三废"的排放）和间接污染源（上风口和上游水域的污染），基地要距离公路100米以外。

(2) 土壤条件

从丰产的角度考虑，板栗以微酸性土壤为宜。土壤的理化性质也十分重要，最好选择土层深厚、肥沃和排水良好的中性或微酸性壤土。据对各地丰产板栗园的调查，优质板栗丰产园的土层深度要在80厘米以上；土壤质地应是保水、保肥性能良好的壤土、沙壤土或砾质壤土，土壤pH值以5.5～7.0为好；土壤有机质含量1.0%～1.5%，土壤含盐量低于0.2%，地下水位1米以下。

(3) 地势地貌

板栗丰产园应以丘陵和山地缓坡为宜。山地栗园海拔高度不宜超过1000米，海拔过高的山区，地形复杂，气候和土壤条件差异大，不宜建板栗丰产园。

(4) 气候条件

优质丰产栗园年降水量不宜少于700～800毫米，园地应通风透光，光照条件良好，无风害，生长期日照不足6小时的沟谷不宜栽植。

(5) 排灌状况

板栗丰产园，还应具备一定的灌水和排水条件，做到旱能灌、涝能排。

(6) 坡度坡向

板栗树喜光而不耐阴，所以栽植于光照充足的阳坡为好。栗园地坡度一般不宜超过15°，坡度越大，水土流失越严重、土层瘠薄，不利于板栗生长。

43. 花桥板栗园如何规划？

板栗树寿命长，经济寿命长达数十年，丰产栗园的规划与设计是建栗园的基础工作之一。若规划不周，将影响栗园产量与效益。建立高标准的优质板栗丰产基地，做好板栗园地规划设计尤为重要。规划时应考虑市场需求、品种（早、中、晚熟）搭配等，还应坚持因地制宜、适地适树、方便管理的原则。栗园地规划主要包括栽植小区的划分、防护林设置、道路区划、排灌系统的设置及辅助设施的安排等。

(1) 小区划分

为了便于管理，应将栗园地划为若干栽植小区。栽植小区形状和大小因地而异，并应结合道路、排灌系统设置情况而定。一般50～60亩为一个栽植小区，每小区栽植品种1～2个为宜。

(2) 道路设置

道路的设置及规格应依据板栗园的规模、运输量、运输工具及管理的现代化程度而定。道路由主干路、支路及小路组成。主干路宽6～8米，与栗园外道路相接，支路宽3～4米，为连接主干路与小路的通道；小路是小区的分界线，路宽1.5～2米。

(3)排灌系统设置

栗园地规划时，应做好排灌设施规划。无水源条件的丘岗山区栗园，可在山腰修筑蓄水设施，以小型蓄水提灌为主。南方板栗园，应以排水为主。在水平梯田内侧修筑排水沟，以做到旱能灌、涝能排。

44. 花桥板栗园建立的主要方式有哪些?

花桥板栗丰产园建园方式有：

(1)樵山建园

在我国南方各地的低山丘陵地带，生长着很多野生或自然生长的实生板栗幼树。充分利用这些资源作砧木，嫁接板栗接穗，成活后不需移栽，通过适当的管理建成的栗园，称为樵山建园。这种方法已在南方板栗产区广泛推广，是山区建立板栗园的有效途径之一。

1)樵山建园的优点：①能充分利用野生板栗资源。野生板栗分布范围广，适应能力强，充分利用野生板栗资源发展板栗生产，变资源优势为经济优势，是提高资源利用率的有效措施。②成园快，收益早。山区的野生板栗大多已生长多年，树干较粗，根系发达，通过嫁接良种接穗，生长旺，成形快，结果早。在湖南湘潭县，一般嫁接次年就能结果，3～5年就有一定的产量。③省钱，省工。樵山建园不需整地、挖穴和移栽，既省钱又省工。

2)樵山建栗园的方法：①选择园地。凡有野生板栗分布的地方都可利用。建立板栗丰产园时，应优先考虑土壤疏松、深厚肥沃、地势平缓、交通方便的阳坡。②樵山建园。樵山建园通常在冬季和早春嫁接前进行。按等高线每隔3～5米选留1株生长健壮的野生栗树作砧木，每亩留40～60株，其余杂灌木或野生栗树可疏除，选留栗树深翻树盘，增施有机肥料。为防止水土流失，可在栗园内间作矮秆作物或绿肥。同时修筑水土保持工程。③就地嫁接。选用优良品种接穗，采用劈接或插接法，将野生板栗改造成良种板栗。④嫁接后的管理。樵山建园后地面上仍需不断清除栗园内灌木杂草，避免其与板栗争肥，影响板栗的正常生长。嫁接成活后适时解除绑扎物，设立防风柱，以免嫁接苗遭风害。还应及时抹芽，保证接芽充足的营养供应和正常生长，以利接口愈合。此外，还要及时中耕除草，增施有机肥，适时防治病虫害。

(2)栽苗建园

栽苗建园是花板栗生产中普遍采用的建栗园方式。它是用1～2年生的嫁接苗或实生苗，整地后按一定的密度栽植建立起来的板栗园。栽苗建园的优点是株行距规范，树体大小一致，便于集约化经营管理，早期丰产、稳产。用实生苗建园，可于栽植1~2年后进行优良品种嫁接，这样生长旺盛，便于整形，成形快，进入丰产期早。

(3)直播建园

直播建园是将板栗种子直接播种在林地上进行建园的方式。直播建园的特点是施工容易，建园成本低，但对立地条件的要求较高，播种后种子、幼苗易遭鸟、畜、杂草及干旱危害，用种量大。此法宜于山区推广。

1)种子处理及整地：直播建园对板栗种子的品质要求与育苗相同，尽量采用林地附近或与林地自然条件类似地区的种子。为了保证幼苗出土整齐，播种前必须对种子进行催芽处理。为了防止病虫和鸟兽危害，播种前种子需经消毒或拌种处理，如用福尔马林、多菌灵溶液消毒，以防治立枯病；用硫化锌拌种可防鸟、兽、鼠害。板栗播种建园对林地的立地条件要求较高，造林前要细致整地，整地方式方法同栽苗建园。

2)播种方法：一般采用穴播。穴播是在已整过的地块上按栽植点挖穴，穴内土块整细，拣净石块、草根，踏实后将种子播在穴内。经催芽处理的种子播种时切断根尖，种子横放在种植穴内，每穴播种3粒，呈三角形摆放。播后覆土，覆土厚度为种子直径的2~3倍。然后轻轻踏实。

3)播后管理：幼苗出土后，要及时进行松土、除草、追肥，确保幼苗健壮生长。根据土壤墒情适量灌水，确保幼苗健壮生长。种子直播建园，适宜在偏远山区推广。据试验，在山坡采用水平梯带整地，带内挖大穴直播建园，每穴播种3~4粒，出苗率85%；第二年将多余的苗子起出，每穴留1株嫁接花桥板栗。

45. 花桥板栗高标准示范园如何建园?

花桥板栗高标准示范园建园时应选择交通方便，土地相对集中连片，土壤为疏松肥沃的沙质和砾质壤土，土层深60厘米以上的地方。板栗春植在栗树萌动以前进行，秋植在苗木落叶后进行。一般永久栽植密度采用4米×4米较为合理。栽植穴大小为60厘米×60厘米×60厘米。穴内施腐熟有机肥25千克、磷肥0.25千克，与土壤充分拌匀，其上再盖一层30~40厘米厚的熟土，栽植时将苗木置于定植穴中心，使根系均匀舒展，用肥沃湿润的细土覆盖根系。盖土10~15厘米后，扶正苗木并轻轻上提，使细土进入根系间隙，再分层填土压实，使土壤与根系密接。栽植的深度应使根颈部外露。栽后及时浇水压根。

46. 花桥板栗的定植密度与方式是什么?

花桥板栗幼树期生长迅速，成年数树体高大，故株行距应选择4米×5米为宜，每公顷栽植495株。坡地沿等高线栽植，平地南北栽植。

47. 怎样栽植花桥板栗?

(1)栽植方法

栽植前，对过长、劈、裂和有机械损伤的根系进行适当修剪。栽植时，将苗木放入定植穴内，保持直立。利用目测的方法，使前后左右对成直线。填土时，将苗木轻轻向上提动；使根系自然舒展，防止窝根，并使根系与土壤保持密接。随填土随踏实。栽植深度，一般要求以苗木在苗圃中原有深度为准。大穴栽植时，为防止苗木随穴土下沉造成栽植过深，要适当浅栽。

(2)授粉树配置

板栗为雌雄异花树种，自花授粉不如异花授粉坐果率高，建园栽植时应选用不同的品种作为授粉树。要求授粉树栗实品质优良，丰产、稳产性能好，栽培管理技术、成熟期与主栽品种基本一致。一般为隔6~8行栽1行授粉树。一个栗园的品种以3~5个为好，若品种太多，则不便于管理。

(3)及时排水

南方多雨高湿地区，可结合降雨情况进行排水。

(4)定干

板栗栽植后应及时定干。定干时从苗高60厘米的饱满芽处上方剪干。

(5)土壤管理

在幼树生长期，应及时松土除草，7、8月份各施一次速效肥料。

48. 栽种花桥板栗时需要注意的问题有哪些?

定植时要扶正苗木，使根系舒展，填土压实，使土与根系密接。栽植深度高于嫁接口2~5厘米为宜。

49. 如何提高花桥板栗的栽后成活率?

及时排水与灌水，保持土壤湿润适中，有条件的地方，在根部用水浇透或用稻草覆盖。4月中下旬检查成活情况，发现死苗，立即补种。

第五章　花桥板栗土肥水管理

50. 在制定花桥板栗无公害生产规范或规程中应注意哪些问题?

花桥板栗的生产包括土壤、肥料、栽培、植保等各个方面，为了达到高产、优质、高效和无公害生产的要求，必须制定一套科学实用的生产技术规范或操作规程，并付诸实施。在制定规范或规程中应注意以下两个问题：

(1)要因地制宜地采用最先进的技术，可操作性强

根据不同品种的特性和本地栗园自然条件，将外地的先进技术和当地的丰富经验有机结合起来，融为一体，充实到规范或规程中，使农事操作规范化。但不能生搬硬套，搞形式主义，要有可操作性。其内容包括土、肥、水的管理，树形和枝量的管理，花期和结果期的管理，病虫害管理，采果后的管理以及果品包装、贮藏和运输管理等。

(2)各项技术措施要符合无公害生产的要求

特别是喷洒农药、施肥和浇水等关键技术，必须符合有关标准或准则，国家明文禁用的和成分不明的以及未经国家批准生产的农药、肥料、植物生长调节剂均不能使用。

51. 怎样的立地环境条件适宜花桥板栗的生长发育?

土壤是板栗生存的基础。板栗生长发育所需的矿质营养和水分主要从土壤中吸收，土壤条件的好坏，直接影响到板栗树体的生长发育和栗实品质。各种不同立地条件下的土壤，受气候、地形、成土母质、地下水位高低等因子的影响，其物理和化学性质发生不同的变化，土壤蓄水保肥能力和通气性差异也很大。要达到板栗丰产、稳产、优质，必须有良好的立地条件。

(1)土壤酸碱度

花桥板栗对土壤酸碱性非常敏感，其生长发育对土壤 pH 值要求较高。研究证明，花桥板栗对土壤 pH 值的适应范围是 5.5～7.5，但以土壤 pH 值 5.5～7.0 为最好。土壤 pH 值大于 7.5 的地区，不宜栽植。

(2)土壤类型

花桥板栗对土壤类型要求不太严格，在红壤土和紫色土上生长较好，这样的土壤多呈微酸性，适合花桥板栗生长。

(3)土壤营养元素

据分析，花桥板栗叶中含钙量为 2.6%，比喜钙植物苜蓿(1.8%)还高，土壤溶液中钙离子浓度达100毫克/千克时，栗树生长良好。板栗叶片含锰量为0.358%，居各种果树之首。当土壤pH值较高时，土壤中的锰呈不溶状态，栗树难以吸收利用。当土壤pH值为5~6时，叶片含锰量为0.2%~0.25%，栗树生长正常。土壤pH值超过7时，叶片含锰量显著减少，树体生长发育不良，叶片黄化。栗树对硼元素反应敏感，据测定，土壤中有效硼含量低于0.5毫克/千克时，栗树易产生空苞现象；严重缺硼时，栗树产量很低，甚至绝收。酸性土壤中硼易流失，所以对于土壤呈酸性的花桥板栗园，每3~4年应追施一次硼肥。

(4)土壤肥力

花桥板栗丰产栗园要求土层深厚，一般土层厚度应在80厘米以上，土壤有机质含量应在1.2%~1.5%。

52. 花桥板栗园的土壤管理的作用与方法是什么？

土壤是板栗生长的基础，土壤条件的优劣直接影响板栗的生长发育、产量及品质。所以，加强栗园的土壤管理，改善土壤水肥条件，为板栗根系创造良好的生长条件，促进根系健壮生长，扩大其吸收养分、水分的范围，充分发挥水、肥在增产中的作用，是保证板栗高产、稳产、优质的重要措施之一。栗园的土壤管理包括深翻改土、中耕除草、栗园绿肥和生草、栗园间作、栗园覆盖等。

53. 栗园深翻改土如何进行？

深翻是栗园深层土壤管理的一项重要措施，它可以疏松土壤，清除杂草，将杂草翻入土壤中可以增加有机质，改善土壤理化性质，提高土壤肥力与保墒能力。果园土壤活土层要求达到80厘米左右，才能使土壤通气情况良好，保证土壤孔隙度的含氧量在5%以上。优质丰产栗园，经深翻改土，最好能使根系主要分布层的土壤有机质含量达1%左右。

(1)深翻时期

只要方法适当，一年四季都可进行。一般宜在秋季栗实采收后至落叶前结合深施有机肥进行。这段时间，温度较高，板栗根系仍处于速生期，断根伤口愈合快，易生出新根，利于根系恢复和营养积累。春、夏季深翻可结合间作整地进行。冬季农闲，劳力充足，根系处于休眠期，也可以进行深翻。

(2)深翻方法

栗园深翻，深度以60~80厘米为宜，深翻时尽量少伤根系。可从栽后第二年开始，逐年进行扩穴，向外开轮状沟。将表土与心土分开，回填时将表土与有机肥(草皮、枯枝落叶)拌匀放入底层，心土放在上层。有条件的地方，回填后灌一次透水，以免失墒。结合深翻对沙石含量大的栗园进行掏沙、取石、换土，改良土壤；对黏性土进行掺沙换土。

54. 栗园中耕除草如何进行？

中耕除草是栗园土壤管理的重要内容。它是减少杂草与栗树争肥的矛盾，提高土壤肥力，消灭虫源的重要措施。平地栗园便于管理和机械化作业，可适时进行中耕除草；荒滩、荒坡地栗园，杂草较多，每年中耕除草次数应不少于5次，结合耕翻进行压青。耕翻深度以15～25厘米为宜。山地栗园易引起水土流失，雨季不宜多次中耕，但有水土保持工程（如水平梯田、鱼鳞坑等）的栗园可适当进行松土除草，中耕除草时只浅耕阶面或直接割除杂草，梯壁杂草应适当保留，以防止水土流失。

55. 栗园施用绿肥的优点有哪些？

凡是利用绿色植物体作为肥料的均称为绿肥。山区的绿肥资源丰富，山上的杂灌木、草及树叶等均可作为绿肥施用，它是很好的有机肥源。绿肥有以下优点：

（1）增加土壤中氮及有机质的含量

绿肥植物数量及产量很高，把它翻施到土壤中可以增加土壤有机质及氮的含量。

（2）集中与转化土壤养分

绿肥植物根系吸收利用土壤中难溶矿物质养分的能力很强。通过绿肥植物的吸收，土壤中难溶的养分、深层的养分被集中，将绿肥植物翻压腐烂分解后，这些养分被释放出来，呈有效态留在栗园耕作层。新鲜绿肥植物当年的利用率可达到30%。

（3）改善土壤理化性状

绿肥植物有庞大的根系，它具有较强的穿透力和团聚作用，翻压绿肥植物，腐解形成腐殖质及有机酸、钙素等，可使土壤形成水稳性的团粒结构，改善土壤的理化性状，使土壤的保水保肥能力增强，透水透气性、耕性及缓冲作用加强，土壤肥力水平提高。

（4）减少水土流失

绿肥植物茎叶茂盛，能很好地覆盖地面，缓和风雨袭击侵蚀地面，减少地表径流，保持水土。绿肥植物来源要采取就地取材与就地种植相结合的方法。就地取材，是充分利用当地野生资源。另外还要做到一年生绿肥和多年生绿肥相结合，在板栗园内利用行间和园外种植绿肥相结合的途径，尽量增加绿肥产量，扩大肥源。

56. 栗园种植的绿肥植物主要有哪些？

栗园种植的绿肥植物主要有紫云英、三叶草、豌豆等。

57. 栗园生草如何进行？

除利用绿肥外，可在坡度较缓的丘陵地板栗园中播种草种进行生草覆盖，生长良好的植被每年向土壤提供约2.5吨/亩的有机残体。日本栗园基本上都采用生草覆盖法。草的生长要与栗树争夺地下养分、水分和空气中的二氧化碳，所以要加强生草果园地下的肥水投入，否则将会造成栗树营养不足，生长衰弱，影响栗树的产量和质量。解决方法是对生草进行如下处理：

(1)割草压表

当生草长到50厘米时割下，覆盖于树盘上，每平方米1~3千克，其上撒上粪肥。也可在覆草上均匀撒上一层土，使覆草分解，一般每年可割1~2次。

(2)翻草生草

当生草长到一定程度(2~3年)时，可在早春或秋后将生草一次翻入土壤中，以增加土壤有机质，作为长期供给二氧化碳的方法。

(3)使用灭草剂

当栗树生长到需碳的关键时期，可向生草上喷洒光合抑制剂的灭草剂，使草从绿变黄，再变枯，由二氧化碳的竞争者变为二氧化碳的提供者。

(4)增肥补水

在生草旺长期，会与栗树争夺养分与水分，适时追施肥料，补充灌水可以调节草、树的营养矛盾，每亩生草栗园每年可补充尿素80~100千克。栗园不能永久性生草，2~4年后一定要翻草灭青。若能选用8~9月份自倒而死的草类则更好。

58. 栗园间作如何进行?

栗粮间作是我国板栗产区的传统习惯，特别是零散栽植的栗树和建园前期，栗树之间有很大的空间，可适当间种红薯、香芋或油料作物。间作作物需要施肥灌水，对栗树生长也有利。间作作物的栗树比撂荒地栗树长势壮、产量高。栗粮间作的栗树栽植形式，其株行距、间作物种类、耕作方法及栗树整形修剪等技术管理，要因地制宜，相互配套，才能收到一定的效果。栗园间作必须注意：①间作物不要离树干太近，要给树体留出足够的土壤营养面积。一般栽植当年要离开树干60~80厘米，第二年离开100厘米以上；3年以后留150厘米以上。如果间作太近，除耕作时易损伤树根及树体外，还会影响栗园的通风透光。②注意选择适宜的间作物种类，不要种植秋季需水过多且易招引叶蝉等害虫的作物，否则易使栗树抗冻性降低，遭受冻害和虫害。不要种植高度在100厘米以上的高秆作物，以免影响栗树的生长，尤其是在幼树期，更要注意这个问题。

59. 栗园覆盖如何进行?

山地栗园除蓄水、灌水之外，由于水源比较紧缺，因此，须采取切实可行的保水措施。除及时中耕松土、减少蒸发之外，覆盖是重要措施。

(1)栗园覆草

可在栗园内覆盖青草，厚度20厘米，其上放少许土，秋季翻入树盘埋入地下。覆草后，土壤有机质含量由0.5%提高到0.92%，土壤结构改善，团粒结构增多，通透性增强；土壤含水量比对照提高3.6%；扩大了根系分布范围，提高了根冠比，有利于树体健壮生长。

(2)秸秆覆盖

是利用农作物的秸秆、山草、树叶等覆盖在栗树下。用秸杆覆盖果园，效果非常显著，在雨季有明显的拦蓄雨水作用，避免降水直接拍打地面，减小雨水的径流量，防止土壤冲刷，并能增加雨水的渗透，减少水分的蒸发量，保蓄土壤水分，使山地水资源趋于良性循环。同时又有利于微生物的活动。加盖的秸秆经腐烂后，可增加土壤的有机质，改良了土壤，增加了土壤肥力。秸秆覆盖能稳定土壤温度，降低昼夜温差，夏季降低中午的土壤高温，在晚秋和冬季阻止土壤过快的降温，有利于充分利用太阳能。在寒冷地区提高冬季土温，有利于根系的发育。在农作物秸秆较多的地方或杂草资源丰富的山区，可采用此法。草量少的地方可在行间种草。然后将栗园生草割下覆盖在树冠的投影范围内，一般草厚15～20 厘米，在山区也可利用大面积荒山、荒坡养草或种草，然后割草就地覆盖。板栗生长结果需要大量营养供应，这是改变板栗历来低产少收的关键措施。给栗树科学施肥更是优质高档栗实生产的根本措施。

60. 板栗对氮、磷、钾三要素的需求规律如何?

氮、磷、钾是植物生长发育所必需的三大要素，栗树生长同样必须给予补充，但应根据栗树的需肥特点，适时适量保证供应。

(1)氮素(N)

氮素是板栗树生长和结果的最重要营养成分。板栗枝条中含氮 0.6%，叶片中含氮 2.3%，根中含氮 0.6%，雄花中含氮 2.6%，果实中含氮 0.6%。氮素的吸收从早春根系活动开始，随着发芽、展叶、开花、新梢生长、果实膨大，吸收量逐渐增加，直到采收前还在上升。采收后开始下降，到休眠期停止吸收。充足的氮肥供应，能促进新梢生长，增加其叶面积，提高光合性能，有利于营养物质的积累，加速栗树生长发育，对幼树提早成形有重要作用；还能促进结果期树花芽分化、开花结实及果实膨大，提高坐果率和延长经济寿命。进入盛果期后，栗树对氮、磷、钾需要量增大，它们即成为影响产量的直接因子。当氮素不足时，栗树营养不良，栗叶变黄，叶小而薄，抽生结果枝少，严重时引起早期落叶，大量落果，抗逆性差。但若氮素过多，则会导致营养生长过旺，不利于树的生殖生长。板栗春季生长期消耗氮素最多，因此春季补充氮肥有利于新梢生长，使叶片肥厚，呈深绿色，提高光合效率，也能促进花芽分化和果实的生长发育，对产量有很大影响。但后期氮素过多会引起枝条徒长，影响枝条的充实和花芽分化，有时 2 次生长时产生 2 次开花结果，但是果实不能成熟而影响第二年的产量。因此，氮素的供应重点是前期。

(2)磷素(P)

磷在板栗正常的枝、叶、根、花和果实中的含量分别为 0.2%、0.5%、

0. 4%、0. 51%和0. 5%左右，虽然数量比氮素少，但对板栗树的生长发育却起着重要的作用。在开花前磷吸收很少，从开花到采收期，吸收磷比较多而稳定，采收后吸收量很少，落叶前停止吸收。缺乏磷元素时，板栗花芽分化不良，影响产量和品质，同时抗寒、抗旱力减弱。增施磷肥可促进新根的发生和生长，促进花芽分化和果实发育，提高产量和品质，增强抗逆能力。

(3)钾素(K)

钾元素虽不是植物体的组成成分，但它参与树体的新陈代谢，能促进叶片的光合作用，还可促进氮的吸收和蛋白质的合成，可促进细胞的分裂和增大，使果实增大，提高坚果的品质和耐藏性，并促进枝条的加粗生长和机械组织的形成，促进栗实成熟，提高栗实的品质。同时，钾还能促进新梢生长，提高栗树抗旱、抗寒以及抗高温和抗病虫害的能力。钾不足时，栗树代谢紊乱，光合作用受阻，碳水化合物的合成速度降低，树体生长缓慢，新梢细弱，叶面积减少，抗逆性降低。严重缺钾时，叶片叶缘出现黄斑，向下卷曲枯死。产量和品质明显降低。板栗树在开花前吸收钾很少，开花后迅速增加，从果实膨大期到采收期吸收最多。因此，钾肥施用的重要时期是果实膨大期。

61. 板栗对微量元素的需求规律如何?

板栗树除需要氮、磷、钾等元素外，还需要硼、锰、铁、锌、钙等中量和微量元素。

(1)硼(B)

硼是板栗正常生长发育不可缺少的元素之一。在栗园中适量施硼，可提高板栗的产量和品质。硼能提高板栗的光合作用，促进蛋白质的合成和碳水化合物的运转。板栗花中硼的含量最高。研究证明，硼与板栗分生组织的形成和生殖器官的生长发育有密切联系，它能促进板栗花粉发芽和花粉管生长，对子房发育有一定影响。硼在板栗体内活动性弱，不能被再度利用。板栗空苞现象主要就是土壤中缺硼引起的，因为硼是板栗受精过程中的必要元素，板栗缺硼时雌花不能正常发育。空苞多数长到核桃大小时停止生长，一直保持绿色，挂在树上不易脱落。据调查，土壤硼含量不足的韶山市的一个栗园空苞率最高达50%，施入硼肥后降至2%。所以栗园施硼肥，是减少空苞的关键。

(2)锰(Mn)

锰也是板栗正常生长发育不可缺少的元素之一。锰是植物体内各种代谢作用的催化剂，对叶绿素的形成、体内养分运转等也有一定作用。板栗是高锰植物，需锰量比其他果树高。酸性土壤有利于对锰的吸收，所以板栗适宜在酸性土壤上种植。缺锰时表现为代谢紊乱，叶片失绿变黄，严重缺锰时从幼嫩叶开始发生焦灼现象。防治土壤缺锰症，可增施有机肥，提高土壤中有效锰含量。因为土壤中有机质分解时产生有机酸，可降低土壤pH值，从而增加锰、铁、铝等元素的有效性。

(3)钙(Ca)

钙存在于板栗细胞液和细胞膜中，果胶中的钙使细胞膜保持弹性。钙可促进养分吸收，参与蛋白质的合成。栗树严重缺钙时，植株矮小，幼叶卷曲，叶缘焦黄坏死，根系少而短，树体抗逆性差，栗实不耐贮藏。

(4)铁(Fe)

铁是多种氧化酶的组成成分，与叶片光合作用、呼吸作用有密切关系。栗树缺铁时，酶活性降低，影响叶绿素的形成，叶脉变黄，叶片部分失绿，出现褐色枯斑或枯边，并逐渐枯死脱落。向土壤中施入硫酸亚铁或在叶面喷洒硫酸亚铁溶液，可有效防治果树缺铁症。

(5)锌(Zn)

锌与叶绿素和生长素的合成有关。栗树缺锌时，先端生长素含量低，细胞吸水少，不能伸长，枝条下部叶片常出现斑纹或黄化，新梢顶端叶片狭小，枝条细弱。向土壤中施锌肥或于生长季节向叶面喷施硫酸锌溶液，可有效防栗树治缺锌症。

62. 优质板栗生产允许使用的肥料种类有哪些？

优质板栗生产允许使用的肥料种类有：

(1)有机肥料

如堆肥、厩肥、沤肥、沼气肥、饼肥、绿肥、作物秸秆等。

(2)腐植酸类肥料

如泥炭、褐煤、风化煤等。

(3)微生物肥料

如根瘤菌、固氮菌、磷细菌、硅酸盐细菌、复合菌等。

(4)有机复合肥

如农家肥等。

(5)无机(矿质)肥料

如矿物钾肥、硫酸钾、矿物磷肥(磷矿粉)、钙镁磷肥、石灰石(酸性土壤使用)、粉状磷肥(碱性土壤使用)。

(6)叶面肥料

如微量元素肥料，植物生长辅助物质肥料。

(7)其他有机肥料

凡是堆肥，均需经50℃以上发酵5～7天，以杀灭病菌、虫卵和杂草种子，去除有害气体和有机酸，并充分腐熟后方可施用。

63. 优质板栗生产限制使用哪些化学肥料？

氮肥施用过多会使果实中的亚硝酸盐积累并转化为强致癌物质亚硝酸铵，同时还会使果肉松散，果实中含氮量过高还会促进果实腐烂。生产优质板栗果品不是绝对不用化学肥料(硝态氮肥要禁用)，而是在大量施用有机肥料的基础上，根据果树的需肥规律，科学合理地使用化肥，并要限量使用。原则上化学肥料要与有机肥料、微生物肥料配合，作基肥或追肥，有机氮与无机氮之比以1：1为宜(大约掌握厩肥1000千克加尿素20千克)，用化肥追肥应在采果前30天停用。另外要慎用城市垃圾肥料。商品肥料和新型肥料必须经国家有关部门批准登记和生产的品种才能使用。

64. 为什么要深施重施磷混有机质肥?

南方土壤缺磷，特别是较深土层缺磷。这一问题一直未被认识，深施重施磷混有机质肥的措施，就是从根本上既发挥木本果树丰产的潜力，又兼具森林所固有的改善生态的作用，缓解林、粮争地的矛盾。

65. 花桥板栗施肥的时期都是在什么时间?

花桥板栗树施肥时期，应根据其需肥及肥料种类而定，这也是科学施肥的内容之一。

(1)基肥

生产中用的基肥都是迟效农家肥，包括厩肥、堆肥、绿肥、饼肥等。农家肥施入土壤后需要经过腐烂分解才能被根系吸收，因此，基肥必须早施才能发挥肥效。一般在秋末落叶前施肥为好。有些绿肥杂草等，也可在雨季压入土壤。实践证明，9月下旬至10月上旬秋施基肥比11月份冬施的效果好，有利于花桥板栗树雌花芽分化，特别是对进入盛果期大树秋施基肥尤为重要，有利于克服大小年现象。秋施基肥应以有机肥为主，辅以适当无机肥。有机肥含有丰富的氮、磷、钾和各种微量元素，所以也叫完全肥料。它含有大量的腐殖质，肥效持久。合理使用有机肥能改善土壤通透性，改良土壤理化性质，为栗树生长创造良好的条件。

(2)追肥

追肥是用速效性肥料，以施无机肥料为主，在生长期使用。无机肥料见效快，常用的化肥有尿素、硝酸铵、硫酸铵、碳酸铵、碳酸氢铵、氨水、过磷酸钙、磷酸二氢钾、氮磷钾复合肥、磷酸二铵、钙镁磷肥等。以上肥料也可以作基肥用，最好和农家肥混合使用。为生产高档板栗，在有大量有机肥的基础上，应尽量少施化肥，尤其是人工合成的化学肥料。板栗树在一年中，不同时期对主要营养元素的吸收量不同，我们应根据板栗树体内氮磷钾含量的变化规律，进行施肥。追肥的时间最好在早春雌花分化时期。据试验，在土壤贫瘠的条件下，施用以氮肥为主的化肥，可以增加雌花量79.3%，提高叶绿素含量69%，明显增加了光合效率，比不施肥的增产76.2%。施肥必须结合灌水，有些地区没有条件灌水，也可在7~8月份雨季施化肥，这样有利于果实的膨大，增加单果的粒重。

据试验，在雨季追施磷酸二铵可使花桥板栗坚果变大，增产38.2%。

66. 怎样为花桥板栗树体进行土壤施肥？

土壤施肥应与根系分布特点相适应。板栗根系水平分布的广度一般为冠径的2倍以上，但以树冠垂直投影边缘处分布比较集中。其根系的垂直分布与土壤条件关系密切。土层深厚、疏松、肥沃、地下水位低的，根系分布较深，因此施肥深度应根据根系的分布深度而定，施肥的水平位置为树冠外围垂直边缘处。土壤施肥的方法主要有条状沟施、环状沟施、放射状沟施和全面撒施4种：

(1)条状沟施

在树冠投影外的位置上，挖深30～40厘米、宽30～50厘米的条状沟。可以在树两边挖，也可在四边挖。梯田地的栗树，上下两边的根系较少，左右两边根系较多，以挖左右两边为主。而后把肥料施入沟内，上面覆土。挖沟的位置逐年向外扩展。

(2)环状沟施

为了有利于小树根系的扩大和吸收，常用环状沟施肥。即在树冠外围20～30厘米处，挖30～40厘米宽、20～30厘米深的环状沟施肥。环状沟的位置每年扩大和外移。

(3)放射状沟施

较大的栗树宜用此方法施肥。以树干为中心，放射状挖沟，沟宽30～40厘米，深度在靠近树干处要浅，以免损伤大根，向外加深，长度视树冠大小而定，一般1/2在树冠内，1/2在树冠外。根据肥料的数量可挖4～8条放射状沟，下一年沟的位置加以变化。

(4)全面撒施肥料

把肥料均匀地撒在栗园树冠内外的地面上，而后深翻入土，使肥料混入表土。这种方法适合成龄栗园大树以及肥料非常充足的栗园。其缺点是施肥于表土，易引起板栗根系上移。

67. 怎样为花桥板栗树体进行根外施肥？

根外施肥就是把肥料(无机肥)溶于水中，用喷雾器喷到叶片、新梢及果实上。肥料通过叶面的角质层、叶背的气孔、新梢及果实的皮孔进入组织内，再到其他器官。氮素进入皮孔后，使叶绿素含氮量增加，它可直接参加光合作用。根外追肥比根部施肥用量少，效果快，利用率高。叶面喷尿素15～120分钟后，就可以被植物体组织吸收，比土壤施肥根吸收效率高出1.5～2.5倍。磷肥施入土壤部分被固定，一部分需要有一定的条件根系才能吸收，效率很低，而通过叶面追肥很快就能被吸收。叶面喷肥可与农药混合喷雾，节省劳力，简便易行。叶面喷肥浓度不宜过高，氮、磷、钾、铁、锰、锌等，喷施的浓度在0.3%～0.5%，低浓度溶液多次喷施才有利于叶片吸收。叶面喷肥时间应选在空气湿润、没有风的天气进行，宜在上午或下午喷施，不宜在中午喷施。应注意在干燥多风的情况下，水分蒸发快，肥料浓度容易升高，易引起药害。

68. 花桥板栗的叶面施肥如何进行？

第一次在5月中旬至5月下旬，喷施尿素浓度为0.25%～0.30%；第二次在6月中、下旬，喷施尿素浓度为0.3%～0.5%；第三次为7月上旬，喷施尿素浓度0.3%～0.5%；7月上旬以后每15天喷磷酸二氢钾0.1%～0.3%，至9月上旬；8月上旬至9月上旬喷尿素3次，浓度0.3%～0.5%。栗子采收后1个月内喷尿素0.3%～0.5%与磷酸二氢钾0.1%～0.3%各一次，有利于增加树体营养物质的贮存。

69. 如何对花桥板栗进行施基肥？

每穴用腐熟厩肥25～30千克与钙镁磷肥0.5千克，与土壤拌匀后穴施。

70. 花桥板栗的土壤管理如何进行？

花桥板栗的土壤管理可采取以下办法：

(1) 植草与种植绿肥

植草、种植绿肥的改土作用与有机肥料的改土作用是相同的，它可以改善土壤的物理性状，降低土壤容重，增加土壤的孔隙度，使土壤微生物活性增强，不断提高土壤的呼吸强度，增强透气性，从而促进了土壤有机质的分解与腐烂过程，有利于土壤的改良。植草、种绿肥与化学改良剂结合运用，土壤改良的效果更加显著。

(2) 间作

应选择有利于养地肥地的豆科作物或者绿肥，以及对板栗生长没有不利影响、高温季节需水量较少及没有与板栗相同病虫害的植物。间作作物与幼树主干距离应在1.0米以外，随树冠扩大，逐年缩小间作范围，稀疏栗园，可以草代抚。

(3) 防止水土流失

建园后应注意栗园的排水工程建设，防止水土流失。

71. 栽培花桥板栗的土壤需要哪些营养元素？

以氮、磷、钾需要量最多，钙、镁、锰、铁、硼、锌等微量元素不可缺少。树体内缺少某种元素或元素之间不协调，会出现缺素症，在湖南的酸性土应补充钙、镁、硼元素，多施钙镁磷肥。

72. 花桥板栗幼龄树什么时间施肥？

定植当年，成活后季施一次追肥，每次每株施尿素0.1千克。第2年至第3年，于3月中、下旬栗树萌芽前施一次速效肥。11月中、下旬施越冬肥。年施肥量每株折复合肥0.5～1.0千克或尿素0.3～0.5千克。

73. 花桥板栗结果树什么时间施肥？

花桥板栗结果树体一年施肥 3 次。催芽肥：3 月上、中旬施；壮果肥：8 月上、中旬施；果实采后肥：果实采收后施。

74. 花桥板栗的施肥量如何？

每 100 千克栗果，需耗用栗树的氮 2.1 千克，磷 0.76 千克，钾 1.28 千克，N∶P∶K＝1∶0.25∶0.4，以及相应的微量元素。有机肥施用量应占 30%～40%。

75. 花桥板栗的施肥比例如何？

芽前肥，以氮肥为主，并施磷、钾肥，以施速效化肥为宜；施肥量占全年的 50%左右。壮果肥，以磷、钾肥为主，以复合肥为宜；施肥量占全年的 20%～30%。果实采后肥，以有机肥为主；施肥量占全年的 20%～30%。

76. 花桥板栗有哪些施肥方法？

花桥板栗施肥方法有：

(1) 根际施肥

在树冠滴水线处，采用环状宽沟、对称半月形宽沟或放射沟施肥。施肥应注意：化肥浅施，有机肥和磷肥深施，施后即覆土。施肥量的多少要根据土壤肥力、树体情况而定。

(2) 根外施肥

8 月下旬至 9 月上旬，叶面喷施 0.1% 磷酸二氢钾两次，间隔 10～15 天，增加果实单粒重。

77. 花桥板栗灌水的总体原则是什么？

花桥板栗需水的规律是：新梢加速生长期和果实迅速膨大期，需水量最多，是需水的关键期。秋季施基肥后要灌水，以促进肥料分解。灌足上冻水是栗树根系生长和防止冬季干旱抽条的有效措施。保持冬季土壤水分，可抵抗早春干旱，对板栗安全越冬和来年雌花分化都极为有利。灌水的方法一般都能掌握，山区灌水有一定困难，必须做到科学用水。有些地区用滴灌，也有用管道浇水和喷灌，都能节省水源，提高灌水效果。总之水要用到关键的时期，并做到科学用水。

78. 板栗园的灌水新技术有哪些？

栗树虽是一种抗旱性较强的树种，但要生产优质高档板栗，提高栗实产量和品质，也应当合理灌水。根据板栗树生长发育的需要和降水分布情况进行灌水是合理灌水的主要依据。北方地区经常发生春旱，所以早春需要浇水，秋季栗实迅速膨大，也要求浇水；在南方夏季经常出现伏旱现象，此时需要浇水。

(1) 早春浇水

即在栗树发芽前结合施速效性肥浇水。春季是板栗各器官迅速建造时期，春季浇水可使结果枝增粗，果前梢大芽多，栗苞多，产量提高。若在春季久旱不雨，又无灌水，板栗树不仅当年雌花数量少，而且果前梢（尾枝）的饱满芽数量也少，严重影响当年的产量，而且还将影响第二年的产量。因此，在有条件的地区，早春(2 月下旬至 3 月中旬)施追肥后一定要浇水；没有浇灌条件的山地丘陵，在早春要做好保墒，可利用地膜或秸秆进行土壤覆盖。

(2)秋季浇水

即板栗的灌浆水，时间在 8 月中下旬至 9 月初。秋季雨水的多少对栗果单粒重有直接影响，若秋季干旱，则板栗的球苞皮厚，坚果小，但栗仁含糖量增高，风味优良，而且也耐贮运；秋季雨水多，球苞皮较薄，坚果单粒重增加，但栗仁含糖量降低，风味较淡，耐贮性较差。秋季浇水对当年产量及第二年栗树生长及产量有利。

(3)夏季浇水

南方夏季气温高，土壤水分蒸发量大，板栗枝叶需要大量水分供应，若夏季雨水少，干旱严重，新梢生长受到抑制，影响芽的生长发育和栗实的生长，严重时经常出现枝叶枯黄、凋萎、落果和产生空苞现象。因此，在干旱夏季对栗树要浇一次水。

(4)滴灌

板栗园利用滴灌技术是一项既省水、省工、省投资，又增产效果明显的较先进的浇灌技术。尤其是在干旱山区，更能显出这项技术的先进性与优越性。滴灌的栗树，不但产量高、品质优良，而且对第二年的产量奠定了物质基础。

(5)喷灌

即利用喷灌机械将水射入空中均匀地落到栗树上的浇水方法。喷灌也是省工、省水且比较方便的现代灌溉方法。喷灌有 2 种方式：一是地下管道固定喷头法，此法设备成本较高；二是移动管道加喷灌机法，此方法简便易行，便于推广。近年来，一些地方从以色列引进先进的微喷系统，可同时喷肥、喷药，且省水高效。

79. 栗园保墒措施有哪些?

栗园保墒措施有：

(1)栗园保水

根据土壤水分在年周期内的变化规律，在我国北方栗园应在雨季到来之前进行深翻或者深耕，使栗园土壤储蓄更多的雨水。农谚常说："深翻一寸，等于上粪"，就是指深翻或者深耕能够创造深厚的活土层，同时也能加强雨水渗入到土壤的速度与数量。深翻或深耕要结合耙耱，保持土壤水分，深翻宜早不宜晚，早翻可使栗园土壤更多地储藏天然降水与减少水分的蒸发量。深翻或深耕应结合其他的水土保持措施，如水平防冲沟，就能更好更多地把降雨拦阻在栗园内。降水进入土壤之后，就转化为土壤中的水分。但这些水分是否能保留在土壤内，主要取决于蓄墒之后是否重视保墒工作，只重视蓄墒而不重视保墒工作，往往效果不好。据西北农业大学观测，雨季末期土壤内水分的补给量往往也仅占到同期降水量的30%～50%，大量的降水仍消耗于土壤蒸发。因此，保墒问题是山区栗园重要的农业技术措施。

(2)中耕保墒

中耕是指栗树在生长期中对土壤进行的耕作，如锄地、耙地、铲地等措施都属于中耕的范围。中耕的作用在于疏松表土，切断毛管水的上升，减少水分蒸发；并能破除土壤板结，改善土壤通气，增加降水渗入，蓄纳降雨，也便于提高地温，加速养分的转化，同时消灭杂草，减少水分、养分等消耗。在夏季雨后随及进行中耕的板栗园比不中耕的板栗园，7天以内可以少蒸发9.8毫米的水分。中耕早则效果好，但过早或过晚均非所宜。秋季中耕能减少径流，增加储蓄降水的能力，为下一年栗树生长发育创造良好的土壤水分条件。春季中耕宜早宜浅，而且紧接着耙耱作业，这样可以减少漏风跑墒。总体上而言，秋耕的效果胜于春耕，但对山地栗园在春、夏、秋季进行中耕都是重要的土壤保墒措施。

(3)山地丘陵栗园提高土壤水分利用率

在山地板栗生产中，要提高土壤水分的生产效率，除了做好减少径流，储蓄更多的天然降水，做好土壤保墒，降低土壤水分蒸发量外，还必须同时采用以下措施：

1)适当增施肥料，培肥地力，提高水分生产效率：要使山地栗园土壤中有限的水分能生产更多的栗子，提高土壤肥力是提高土壤水分利用率的重要前提。土壤肥沃度越高，植物需水量越低，这是因为土壤施肥后水分利用率得到提高，而栗树对水分的需要量下降。从肥料三要素与需水量试验结果表明，不同矿质元素缺乏，对需水量影响不一，如氮和磷的缺乏，对需水量的影响比较大，即氮和磷缺乏时，它需要更多的水供应树体，钙缺乏对需水量影响最小。不少材料表明，土壤肥力高和施肥恰当时就可以降低树体的需水系数和提高树体的产量。

2)土壤处理：1970年中国科学院地理所与大连油脂化工厂协作，用合成酸渣，高碳醇经乳化后，可制成土面增温剂，它抑制蒸发率达到80%～90%。1972年北京市农林科学院以石蜡、植物油渣等为原料，制成了石蜡乳剂，它抑制的蒸发率达到70%～80%。目前土壤处理剂的用量较大，使用不方便，但它具有较明显的抗旱增产效果。

3)栗树处理：喷洒浓度为0.4%的磷酸二氢钾，能增强栗树抗干热风的能力；喷洒浓度为10%的草木灰溶液，能增加叶片的含钾量，从而提高栗树的抗干旱力；喷洒黄腐酸，能使叶片的蒸腾强度降低25%～30%，产量提高10%左右。

80. 栗园排水措施有哪些?

若栗园长期积水，则土壤中氧含量降低，根的呼吸作用不能正常进行，影响养分吸收，甚至因长期缺氧导致树体死亡。特别是土质黏重的栗园，树盘底层土要与排水沟打通，防止树盘(穴)积水，做到雨季能及时排水。

第六章　花桥板栗的整形修剪

81. 花桥板栗树体进行整形修剪有哪些好处?

整形修剪是板栗丰产栽培中的一项重要技术措施。板栗具有顶端优势强、结果部位外移快等特性，若放任管理，往往树体大枝过多，树冠郁闭，内膛光秃，产量低而不稳，栗实小，品质差，病虫害严重。通过合理的整形修剪，控制骨干枝的数量及分布，形成丰产、稳产的树体结构，可促使幼树早结果、早丰产，大树稳产、优质，延长盛果期年限。花桥板栗整形修剪的目的，是要减少大枝数量，控制树冠，增加和稳定结果枝的效量，使板栗能立体结果，克服大小年现象，达到高产稳产的目的。栗树通过修剪，可以起到如下作用:

(1)促进栗树早结果、早丰产

正确的整形修剪，可有效地控制栗树的顶端优势，缩短树体营养物质的运转距离，形成低干、矮冠、通风透光良好的树形，促进栗树早实、丰产和稳产。整形修剪是集约化栽培的关键环节。低干、矮冠树培养容易，树冠整齐，骨架牢固，结果早，适于密植，早期单产高，便于管理和机械化作业。合理的修剪，可通过剪除细弱无效枝，使结果母枝分布均匀、养分充足、生长充实、芽子饱满，从而促进生殖生长，利于早结果、早丰产。

(2)调整生长与结果的关系

栗树生长与结果的矛盾贯穿于整个生命过程中。若树势过旺，大量的养分被营养生长所消耗，则不利于花芽形成，产量就低；若树势过弱，抽生的新梢瘦弱，也难以形成花芽。修剪就是调整树势的过强或过弱生长，协调树体的营养生长和生殖生长，使二者均衡发展。当树势过强时，多短截，少疏枝，分散养分供应；树势较弱时，少短截，多疏枝，保证树体养分集中供应留下的枝条。生产中要灵活运用修剪技术，适度调节生长与结果的关系。

(3)改善树体光照条件，提高光能利用率

板栗为喜光树种，充足的光照是获得栗实丰收的保证。栽培上必须从增加叶片数量、保持适当郁闭度、延长光照时间、提高叶片光合效率等方面入手提高光能利用率。通过整形修剪，使树体结构合理，能充分利用光能，调节水分和营养的分配与运转，防止结果部位外移。如整形修剪时采用低干、矮冠、三大主枝自然开心形，降低树高，减少主侧枝数量，增加结果母枝等，把树冠培养成外稀内密、上稀下密、里外透光的良好结构。剪除不见光的寄生枝、过密枝，改善内膛光照条件，促进树体生长发育和养分积累。

82. 栗树粗放管理园的特征有哪些？

栗树粗放管理园的特征有：

（1）大枝多而分布不均匀

年幼的栗树是1/2叶序，叶腋中的芽左右对称，芽萌发形成的枝条也左右对称，形成一个平面。因此，实生树基部的大枝也呈一个平面，形成平行枝和重叠枝。因枝条顶端优势强，往往前面几个大芽抽生出旺枝，以下侧芽形成细弱枝，这些弱枝逐年死亡。旺枝越长越高，并不断分杈，最后大枝很多，互相竞争伸长，形成圆头形，小枝在外围一圈，内膛光照不足而形成大枝光秃，树冠高大，内膛无小枝。这类大树有效结果面积比较小，树体高大，养分大多数消耗在枝条旺长和保持大量枝条的生命活动方面。这是板栗低产的重要原因。

（2）外围结果

自然生长的板栗，结果部位都在外围，内膛不结果。产生的原因有三：一是板栗带有雌花的混合芽都在枝条的顶端，也就是结果部位都在枝条的顶部；二是带有雌花的混合芽必须是生长势强的枝条，内膛光照不足形成的弱枝不能结果；三是板栗枝条顶端优势强，生长越来越高，内膛枝营养条件差而逐渐死亡，只有前端枝不断延伸，从而形成内部光秃。叶片主要在树冠外围，结果部位只有外围一圈。从外表看结果量可观，实际上全树产量很低。

（3）产量上的大小年现象明显

当板栗产量比较高时，树体消耗养分多，同时树体高大，枝条、茎干和根系上消耗养分也很多。丰收年树体营养亏损，花芽分化受到严重影响，来年春季雄花数量并不少，但不能分化雌花。形成的雌花少，所以结果少，产量降低。产量低，继而又有利于树体营养积累，下一年又使产量提高。这就是产量上的大小年现象。一般果树管理不当都会产生这种现象，而板栗更为明显。在很多情况下，1年丰收后还会形成两个小年，即1年还不能恢复树势，连续两年低产，而后才恢复到大年，致使板栗不能高产稳产。

83. 栗树整形修剪的原则是什么？

（1）整形的原则

栗树整形是通过修剪的方法，合理培养和配置树冠内骨干枝，以便形成良好的树体结构，负载较高的产量，控制栗树的顶端优势，使主、侧枝分布均匀，树冠内和株间通风透光良好，为高产、高效、优质打下良好的基础。整形是根据“因树修剪，随枝作形”的原则进行的，在树体基本骨架布局上，根据具体情况，做到随枝就势，诱导成形，要求“有形不死，无形不乱”。整形既要做到有利于早期结果，又要有利于早期丰产；既要重视骨干枝的结构牢固，又要重视临时性枝条对成形和结果的作用。

(2)修剪的原则

修剪的原则是"以轻为主，轻重结合，因树制宜"。即修剪量和修剪程度，因树势而定。板栗树有枝条先端结果习性，修剪时不宜过量短截。尤其对进入盛果期以前的幼树，修剪时更应以轻剪为主，以夏季连续摘心为主，这样有利于幼树早成形、早结果、早丰产。对盛果期大树，要求修剪以均衡树势为主，促控结合，保持树势健壮。对结果枝组宜以放为主，缩放结合，合理布局，使树冠内部通风透光，枝组健壮。对处于衰老期的栗树，修剪以更新复壮为主，进行较强回缩，同时加强土肥水管理，促进树势恢复，延长树体经济寿命。

84. 栗树整形修剪的依据是什么?

板栗因品种、树龄的不同，自然条件和栽培技术、管理水平的差异，其生长特性各异。整形修剪时必须综合考虑以下几个因素：

(1)品种特性

板栗品种不同，其生物学特性有异，如在成枝力、萌芽力、生长势、分枝角度、枝条硬度、雌雄花芽比例等方面均有一定的差异。因此，应根据各品种特性，采取与其生长结果习性相适应的整形修剪方法，使其符合我们的栽培目的。

(2)自然条件和栽培技术

自然条件和栽培技术不同，同一品种的栗树生长发育差异很大。整形修剪时，应根据具体情况，灵活运用整形修剪方法。北方栗园，干旱少雨，栗树生长期短，生长量小，树体较小，适于培育小冠树形，骨干枝不宜过多过长，修剪应重，多疏少截，使养分集中使用，并注意及时回缩复壮，保持生长结果相对稳定。南方栗产区，立地条件好的栗园，温湿度适宜，树生长期长，若管理得当，栗树往往发枝多，生长量大，适于大冠树形，可采用主干疏层延迟开心形或自然开心形树形，主枝宜少，层间应大，要采取少疏多截的修剪方法，使养分分散使用，同时应在夏季进行多次摘心，促生分枝，促进早成形、早结果和以果压冠。密植栗园和稀植栗园相比，树冠宜小，树体要矮，管理水平要高。另外，地形、地势、花芽量、病虫害等情况都是整形修剪时需要考虑的因素。

(3)树势和树龄

树龄和栗树的生长势关系密切。幼树从栽植的第二年起到盛果期前，一般树势旺盛，表现出较强的顶端优势；进入盛果期后，随着产量的增加，树势往往中庸偏弱。因此，对于板栗幼树，在修剪上要做到"促控结合"，既要促使树冠迅速扩大，树体骨架尽早形成，又要控制树体旺长，抑强扶弱，使树冠紧凑，通风透光。修剪时可采用轻剪长放的方法，多留枝，促使花芽形成和早期丰产。对于进入盛果期的树，则要"大树防老"，延长经济寿命，修剪时注意适当重剪与回缩相结合，使其结果适量，从而稳定树势，保证稳产、优质。总之，修剪时要依据树势正确把握修剪的程度。

(4)修剪反应

修剪反应是检验修剪正确与否的依据和标准。同一修剪法，由于枝条年龄、位置、长势不同，其反应也不尽相同。局部反应，即观察修剪后剪口下枝条生长和成花、结果情况。总体反应是看全株整体表现，如对树体促控情况，主要包括新梢生长量、花芽形成数量、年产量、树体生长势等。生产者应不断根据修剪反应总结经验，探索出适合当地品种及环境条件的修剪方法。

85. 整形修剪对栗树生长的影响有哪些?

整形修剪对栗树生长有促进局部和抑制整体的双重作用。

(1)促进局部

整形修剪对局部的促进作用，是因为修剪减少了枝芽的数量，改变了原有的养分分配关系，使养分集中供应保留下来的枝芽。同时，通过修剪改变了树体的通风透光条件，提高了光合效率，从而使修剪部分的长势有所加强。修剪对局部的促进作用常表现为树龄越小，树势越旺，促进效果越明显，但与修剪方法及剪口芽的质量有一定关系。短截的促进效果表现在剪口第一芽生长较旺，第二、三芽则依次递减。疏剪对剪口以下的枝条有促进作用，对剪口以上的枝条则有抑制作用。通常情况下，剪口留强芽，抽枝粗壮；剪口留弱芽，则发枝细弱。所以，常说的“好芽抽好条”就是这个道理。

(2)抑制整体

整形修剪在一定时间内，对栗树整体生长有一定的抑制作用，主要是因为剪下了大量的枝芽，缩小了树冠体积，减少了叶片同化面积；同时因修剪造成许多伤口，需要消耗一定的营养才能愈合。这一抑制作用的大小与修剪量有密切关系，并随树龄的增长而减弱。通常是修剪量越大，对树的整体抑制作用也越大。对衰老树通过回缩修剪，缩短了养分运输距离，使养分集中使用，可起到更新复壮的作用；在加强肥水管理的基础上，适当重剪，可刺激根系发生新根提高树体生理活动机能，对衰老树更新复壮效果更为明显。

86. 整形修剪对栗树结果的影响有哪些?

合理的整形修剪，能有效地改善树冠内和树体间的通风透光条件，增强树体光合性能，有利于营养积累和花芽形成，为栗树丰产稳产创造良好的条件。若修剪方法不当，导致树营养生长过旺或过弱，营养消耗大于积累，则不利于花芽分化和结果；相反，结果过多，则营养生长受到抑制，导致树体营养亏损，树势衰弱，出现大小年现象。因此，必须通过修剪协调生长与结果的矛盾，稳定树势，确保板栗高产、稳产、优质。修剪对栗树结果的影响同母枝强弱有密切关系。母枝壮芽所抽生的结果枝，当年结果可靠，同时还可以成为明年的结果母枝，因此对不同的母枝应采取不同的修剪方法。另外，树上部的母枝由于顶端优势，一般比中下部枝生长势更强，故修剪的程度也不相同。

87. 修剪对树体营养物质分配和运转的影响有哪些?

修剪的生理基础就是对树体营养物质的分配和运转进行适当的控制和调节，使养分得到合理的利用和分配。合理的整形修剪，可以调节树体枝条量、枝条位置和角度，改变树体内营养物质的分配和运转状况。芽的萌发、花芽分化、枝条生长、果实发育等生理过程，以及树体内营养物质的分配和运转，都与树体内的激素控制有密切关系。合理的整形修剪，不仅能调节营养生长和生殖生长的关系，而且也改变了激素的平衡关系，使其向着有利于营养物质合成和积累的方面转化。短截解除了顶芽激素对侧芽的抑制作用，提高了下部芽的萌发力；在芽上部刻伤，切断了顶端激素向下运输的通道，促使下部芽萌发。环剥、扭伤等也能影响激素的运输和分布。

88. 花桥板栗的主要树形是什么?

花桥板栗的主要树形是自然开心形：自然开心形的特点是树冠无中心干，主干高 50 ~ 80 厘米，在主干上选留长势均衡、角度开张、错落均匀的三大主枝，在主枝上间隔 50 ~ 70 厘米选留 2 ~ 3 个生长强壮的分枝作侧枝。这种树形具有树冠圆满、紧凑、开张，内膛通风，透光良好，结果部位多，产量高，便于管理等优点，是目前生产中推广的主要树形之一。此树形适合在山区、丘岗及平原地区矮、密、早板栗丰产园中推广。该树形低干矮冠的结构特点，缩短了地上部分与根的距离，有利于水分和养分的运转。在山高风大及冬春气温变化剧烈的地区，采用此树形，可以减少风害、日灼。但采用该树形的栗园不利于间作。花桥板栗苗木栽植后，在距地面 50 ~ 80 厘米处剪截，即定干，注意剪口下方要留 5 ~ 7 个饱满芽，定干后促使萌发 3 ~ 5 个健壮枝条，以利整形。定干高度可因地制宜，对于山地、土壤瘠薄地、密植丰产栗园的栗苗，定干可稍低一些；对于平地、土壤质地好、肥力高、有管理条件的栗园，定干可适当高一些。定干当年，从剪口下抽生的枝条中选出 3 个长势均衡的枝条作为主枝进行培养，使枝条以基角 50 ~ 60°开张，向外围斜生，均匀错落地分布在主干周围。主枝选定后，第二年以后，从各主枝抽生的健壮分枝中选留 2 ~ 3 个作为侧枝，侧枝在主枝上的间隔距离为 50 ~ 80 厘米，并左右错开。主、侧枝选定后，在主、侧枝上配备临时性和永久性结果枝组，要求骨架结构牢固，合理利用空间，内外透光，立体结果。第二年至第五年的幼树，要加强夏季摘心，增加枝叶量，扩大光合面积，一般 3 ~ 5 年就可形成树冠。另外，整形时除骨干枝上的延长枝外，均应以轻剪为主，少疏多留，以利于幼树早成形、早结果、早丰产。

89. 怎样进行花桥板栗树体的冬季修剪?

冬剪在落叶后至翌年萌芽前完成，主要包括短截、疏枝、缩剪、刻伤等。

(1) 短截

将 1 年生枝条剪除一部分，叫短截。剪口芽一般留壮芽或弱芽，抽生的枝条相应地强或弱。当某一部位缺少枝条时，可利用短截使其抽生几个新枝，占领空间。利用短截可以培养骨干枝，对幼树骨干枝的延长枝进行短截时剪口留壮芽，促其抽生壮枝，扩大树冠。短截可促使基部的枝条复壮，减少枝条干枯死亡，防止内膛光秃；同时，促使预定部位抽生新枝，改变原枝着生角度、方向，补充新的空间。板栗一年生枝短截主要是为了改变顶端优势，促其抽枝，但影响花芽形成和坐果。短截分轻度、中度和重度短截 3 种。①轻短截，只截除枝条上部的一小段或 1/4 ~ 1/3。枝条轻短截后可抽生一些中短枝，缓和枝势，促进花芽形成和早期结果。②中短截，在枝条中部饱满芽处剪截，剪去枝条长的 1/2。剪口下抽生中长枝多，且长势较强，有利于生长和扩大树冠。③重短截，在枝条中下部或基部瘪芽处剪截，剪去枝条长的 2/3 ~ 3/4。使其抽生 2 ~ 3 个壮枝或中短枝。重短截多用于生长势过旺的枝、骨干枝的竞争枝、徒长枝或过密枝，以控制旺长，利于培养结果枝组。

(2) 疏枝

将枝条从基部剪去，叫疏枝。疏枝主要是疏除细弱枝、过密枝、交叉枝、重叠枝、衰老下垂枝、病虫枝、无用的徒长枝、过多的辅养枝、竞争枝、把门枝。其作用是减少枝条的数量，改善冠内通风透光条件，提高光合性能，增加养分积累，促进花芽形成和坐果。疏枝对剪口以下的枝条有促进作用，对剪口以上的枝条有抑制作用，锯口越大越多，对局部的削弱或增强作用越明显。疏枝对全树的生长起削弱作用，这种削弱作用的大小与疏枝总量和疏枝粗度呈正相关关系。疏除大枝时，对树势的抑制作用明显，因此要分期疏除，一次疏除不宜过多。

(3) 回缩

剪除多年生枝的一部分叫回缩。回缩修剪适用于盛果期大树和衰老树、老龄树的更新复壮。回缩对象为生长衰弱、结果部位外移、下部光秃的多年生枝和生长较弱的结果枝组。当需要改变先端枝的延伸方向、枝条开张角度，改善冠内通风透光条件时，也可采用回缩修剪。栗树回缩程度依树势和管理水平而定。衰老树回缩，应在加强土肥水管理的基础上进行，否则效果不佳。大树更新复壮，回缩任务大的应采取逐年回缩的方法，轮换更新，分 3 年完成，边复壮边结果。这样做对栗实产量影响不大，可在生产中推广。

(4) 长放

长放即不剪。对 1 年生或多年生生长势较旺的延长枝不予剪掉。目的是缓和枝条的生长势，增加中短枝数量，分散营养物质，控制营养生长，促进旺树、旺枝形成花芽，适龄结果。

(5) 拉枝

人工改变枝条的生长方向即拉枝。其目的是缓和树势，改善冠内光照条件，防止基部光秃，扩大树体容积，促进花芽分化。具体可采用撑、拉、坠、压等方法开张主枝角度，改变生长位置，使其均匀分布，角度适当，达到控制顶端优势、开张树冠、培养骨架的目的。采用扭梢、拧枝、别枝的办法，可改变枝条极性生长，缓和长势，有利于结果。

(6) 刻伤

刻伤即用刀子或剪子在枝、芽的上下横刻皮层，深达木质部，以促进枝芽的萌发。它有助于幼树的整形和增加枝量，能促进养分积累和花芽分化。若整形时欲定向培育枝条，在芽的上方刻伤即可；若要定向抑制过旺枝条的生长势，应在枝条的下部或基部刻伤。对长势过旺的粗枝，可在枝条下部每隔 2 ~ 3 厘米刻一刀，连刻 3 刀，俗称“连三刀”，刻伤宽度与对枝条的抑制作用成正比。刻伤后有利于养分积累和花芽分化。

90. 怎样进行花桥板栗树体的夏季修剪?

夏剪在萌芽后到树体停止生长前进行，主要包括摘心、疏雄、疏混合芽等。

(1) 摘心

摘除新生枝条顶端嫩梢的一部分，叫摘心。摘心对幼树生长非常重要。对嫁接当年至成形前的幼树，须以夏季摘心为主要手段控制新梢生长。当新梢长至 30 厘米时，将新梢顶端摘除，生长季节可反复摘心 2 ~ 3 次。它能缓和顶端优势，促进分枝，增加枝叶量，促进幼树早结果、早丰产和早成形。

(2) 疏雄

板栗雄花量特别大，雌花与雄花序之比一般为 1 : 4. 27 ~ 8. 62。雄花序过多，消耗树体内大量的养分。板栗为异花授粉果树，自花授粉坐果率很低。在配置适宜授粉品种的栗园，雄花序显露后，疏除掉 90% ~ 95%，混合花序全部保留，可使当年栗实产量提高 50%，同时可提高栗实品质。

(3) 疏混合芽

对发育不饱满及过多的丛生混合芽在芽膨大时可适当疏除，以减少养分消耗。可根据具体情况确定合理的疏除量。

91. 花桥板栗幼树生长有何特点? 怎样进行整形修剪?

花桥板栗树体幼树生长旺盛，是造就树形的关键时期，修剪的重点是整形：

(1) 冬剪

1) 修剪时注意利用剪口芽调整主侧枝的角度和方位，一般对骨干枝的延长枝从中部饱满芽处剪截；

2) 对结果枝组上的掌状结果枝采用“见五截二”、“见三截一”的修剪方法，有利于树冠形成和早期结果；

3) 对细弱枝、过密枝、多余的大枝及病虫枝全部疏除，保留斜伸的外生枝，使树形舒展。

（2）夏剪

夏剪应以摘心为主，方法是当新梢长到30厘米时摘除新梢顶部嫩梢部分的一小段，促使下部抽生侧枝。侧枝长到30厘米时进行第二次摘心。生长季节可连续摘心2～4次。7月20日以前对结果枝上的尾枝留3～5个芽摘心，有促使果实增重的作用，同时可提高芽的质量，促使花芽分化。南方产区9月上旬应停止摘心，以提高枝条的成熟度。

92. 花桥板栗盛果期树生长有何特点？

进入盛果期的板栗大树，树冠逐渐开张，由于大量结果导致树势逐年衰弱，结果部位外移，产量和树冠扩展达到顶峰，外围枝量增多，通风透光条件恶化，内膛枝大量枯死，主、侧枝中下部出现光秃，生长与结果矛盾突出，大小年现象明显。这一时期修剪的主要任务是保持树势健壮，调节生长与结果的关系，防止结果部位外移和大小年的形成，延长盛果期年限，争取高产、高效、优质。

93. 如何对花桥板栗结果母枝进行培养和修剪？

8年生花桥板栗树冠外围的1年生枝，多数为结果母枝，生长健壮的结果母枝一般长20～30厘米，先端着生4～6个饱满芽，萌发后抽生的结果枝壮，坐果率高。对这类结果母枝的修剪应以轻剪为主，培养成强壮的结果枝组。对20厘米长的壮枝，可以留一部分作为结果母枝，当年结果；对过密、生长较弱的枝可适当疏除；有发展空间的中壮枝可短截一部分，作为预备枝，培养成翌年的结果母枝。结果母枝的修剪保留量：中等肥力的土壤，嫁接树一般每平方米树冠留8～12个；实生树和小粒品种，可适当多留，一般留12个左右。树冠覆盖率控制在80%。若结果母枝留量过多，则光照差，养分消耗多，积累少，易形成大小年现象；同时，还会出现果实小、品质差及抗逆性弱等问题。

94. 如何对花桥板栗树体骨干枝进行回缩？

栗树进入盛果期，随着栗实产量的剧增，结果部位外移，骨干枝秃裸，树冠内膛空虚，应及时疏除重叠枝、交叉枝及多余的大枝。对枝端离主干太远且枝干上光秃的主侧枝，在有发育枝或徒长枝处回缩进行小更新，以缩小树冠。在内膛空隙处适当保留有培养前途的徒长枝，作为内膛结果的预备枝。

95. 如何对花桥板栗树体内徒长枝进行改造和利用？

传统习惯认为徒长枝有害无利，修剪时多被疏除。近年来，各板栗产区摸索出了合理利用徒长枝的修剪方法。利用徒长枝更新树冠、填空补缺、充实内膛，能有效延长树的经济寿命。选择改造徒长枝，应注意枝条的生长势及着生方位。选留离主枝基部60～120厘米的徒长枝，这类枝条长势不太旺，可改造成大型结果枝组。背下和侧生的徒长枝，生长势比较缓和，易转化为结果枝组。对主干或主枝基部萌发的徒长枝一律疏除。对徒长枝的改造利用，应遵循“有空就留、没空就疏，生长正常就放、生长过旺就压”的原则。

对树冠内膛的纤细枝、交叉枝、重叠枝、病虫枝和无利用价值的徒长枝，应及时疏除。

96. 怎样进行密植丰产栗园的整形修剪？

板栗密植，结果早、产量高、效益好。但密植园树冠郁闭早，如果不及时处理，常影响栗实产量和品质。通过整形修剪控制树冠的迅速扩张，是板栗密植园获得高产高效的一条重要措施。

(1) 定干

早春栽植后及时定干，以干高 40～60 厘米为宜。当剪口下抽生几个新梢时，在主干上选留 2～3 个枝条作为骨干枝培养。夏季对非骨干新梢进行反复摘心，增加枝叶量，扩大光合面积，促其早日形成结果枝。

(2) 主枝修剪

对骨干枝的延长枝从中部饱满芽处短截，截后可抽生 3～4 个生长较旺的枝条。冬季修剪时将第一个最旺的枝条从基部疏除，选留第二个枝条作骨干枝的延长枝，同时采用撑拉的方法开张主枝角度。增加夏季摘心次数，在新梢 25 厘米处摘心，培养侧枝和结果枝组。

(3) 疏枝

疏除过密枝、病虫枝、徒长枝、交叉枝和重叠枝。

(4) 结果枝组的修剪

为充分利用空间，在主侧枝上培养结果枝组。培养原则是有空就留、没空就疏。修剪以轻剪和夏季摘心为主，并与回缩相结合。对扩展较快的强旺枝组及时回缩至有分枝处，使之轮换更新，达到维持栗实产量和控制树冠的目的。

(5) 以果控冠

以果控冠是密植栗园控制树冠的重要措施之一。密植栗园一般定植 2 年即挂果，3 年冠幅可达 1.5 米左右，每株可结果 1 千克左右，管理条件好的产量会更高。此时，对结果枝组加强管理，对结果母枝缓放、少截，增加结果部位，花期进行人工授粉，可提高坐果率。对果前梢要留 3～5 片叶摘心，以提高栗实重量和品质，从而达到以果控冠的目的。

(6) 隔行回缩

当树冠扩展到一定程度，控冠难以实现，冠幅覆盖率达到 80% 以上时，可采取隔行回缩的办法，即每隔一行重回缩一行，大枝保留 30～50 厘米。回缩后从锯口下抽生很多强旺枝条，从中选留 3～4 个长势强、位置合适的枝条作骨干枝培养，其余的全部抹掉。留下的枝条生长势往往很强，夏季要进行多次摘心，控制其旺长，第 2 年或第 3 年便可恢复产量。随后对另一行进行回缩，从而达到高产、高效和控制树冠的目的。

97. 花桥板栗在幼树期如何修剪?

在苗木定干基础上，以整形培养树冠为主，定植后第一、第二年培养主枝，选留副主枝，第三年以布局侧枝群为主。每年培养2~4次梢，当新梢长到40厘米时摘心。投产前一年达到树冠紧凑呈半圆头形，树形开张，枝叶茂盛。

98. 花桥板栗在初结果期的修剪要求是什么?

继续培育扩展树冠，合理安排骨干枝，适量结果。对生长过密和交叉、重叠的枝条进行疏除，使枝梢健壮，分布均匀，树冠开张，树高控制在3.5米左右为宜。

99. 花桥板栗在盛果期的修剪应注意什么?

修剪因树制宜，删密留疏，回缩过密大枝或侧枝，剪去细弱枝、鸡爪枝、交叉重叠枝、病虫枝，保持侧枝分布均匀，通风透光，结果面大。随着树体增大，逐步疏伐，调节林分结构。

100. 花桥板栗在衰老期的修剪要求是什么?

进行回缩修剪，对侧枝、副主枝进行回缩更新，回缩到有徒长枝或生长枝的地方，利用这些枝条重新培养骨干枝。

101. 花桥板栗的修剪要点是什么?

修剪应每年进行；修剪顺序是先大枝，后小枝，先上部后下部，先内后外；剪口要平整，大剪口应涂保护剂。修剪后的病虫枝，应及时清理。

102. 冬季板栗管理技术要点有哪些?

想要板栗连年丰产，必须打破种板栗只采不管的做法，特别是盛果期的栗树，更要做好采收后的管理工作，否则会影响第二年板栗的产量和品质。一般在10月板栗全部收完之后管理要跟上。

(1)对板栗园进行清理

先将树枝上未落的空苞、虫害苞皮用竹竿击落然后将其清积起来与杂草一起堆放，减少害虫的越冬场所，并可让其腐烂分解作肥料用。

(2)板栗叶片落光时对全园进行深翻改土

一般结合施基肥进行，深度通常在20~30厘米，树冠外宜深，树干周围宜浅。翻土时有目的地损伤一小部分根系以便发新根，增强对肥水的吸收，这叫地下部分的更新。翻园可疏松土质并减少害虫的越冬场所。注意在翻土时要结合土地梯台的整修维护以使土地保水保肥。

(3)施基肥

这是栗园综合管理中的一项重要措施，是保证栗树发育生长和获得高产的有效途径。农家肥施用效果好。农家肥施入土壤后需要经过腐烂分解才能被根系吸收，因此基肥必须早施才能发挥肥效。一般在秋末落叶后施用为好。有些绿肥杂草等也可在雨季压肥。施基肥方法一般是在树冠枝梢周围用条状沟施、环状沟施、放射状沟施等。挖好沟后把肥料施入沟里面覆好土以保持肥效。

(4)进行冬季修剪整形

在修剪整形过程中首先要将病虫害枝全部剪掉，集中烧毁，减少虫源。3 年生以下幼树修剪的主要目的是培养树形，缓和树势，分散养分，控制旺长，促进枝组的形成。可采用开心形修剪法：幼砧嫁接苗生长到 50 ~ 60 厘米时摘心定干，当年发出几个强旺的新梢。冬季修剪时选留角度开张的枝条作为主枝(开张角度 40°)，为使主枝之间有一定的距离(25 厘米)，只选留 1 个比较直立的中心枝进行短截，剪留 30 厘米，其他枝条疏除。第二年夏季选留第二、第三主枝。第三年主要是培养侧枝。开心形树形是通过冬夏修剪相结合快速形成的，如果只靠冬季修剪，树形形成慢并且角度难以掌握。这种树形具有光照好、结果面积大、树体矮小、便于管理的优点，适合于密植栗园。

(5)结果母枝的修剪

对结果树的修剪要因树制宜，以疏剪为主，疏剪与短截相结合。栗树上结果母枝的多少及其强弱是决定来年产量的重要标志。修剪的主要目的就是促使栗树的内外、上下各部分都能抽生强健的结果母枝，充分利用空间，尽量增加结果部位。这就应该防止树冠外围的枝梢过密，保证内膛通风透光和内膛枝条的良好生长。对过密的纤细枝、雄花枝要全部疏除，节约养分；短截一小部分枝条培养强健的更新枝给下一年打下基础。对过旺的徒长枝、长得密的应疏除，有一定空间的应保留下来。保留的徒长枝一年后转变为结果母枝。这类枝条的顶端以下有几个芽苞，是抽生结果枝的部位，不能短截，要尽量保留枝组。经过多年抽生结果枝以后它才逐渐老化。抽生的结果枝细弱，所结的果实小、商品价值差，这类枝组应该进行回缩、更新。回缩一般是轮流进行，完成一棵栗树的回缩更新需要 3 ~4 年。但这既不影响产量又能使枝组更新。

(6)冬季板栗的虫害主要是栗大蚜

这种害虫喜欢群集在枝干表面较阴暗的地方吸食皮液，削弱树势，影响下年产量，因而不可掉以轻心。处理方法是：用一般杀虫剂或氧化乐果喷洒即可。有的栗农们采用的是用手抹掉的“无公害”办法。另外在冬季还可以对树干进行刷白和剥掉老树皮，以减少害虫的越冬场所。

103. 怎样进行花桥板栗树冠的保护?

栗树在生长过程中，易遭受冻、风和雪等自然灾害的危害，应加强灾前预防，灾后医治，保护好树冠。

(1)冻害的预防

冬季临界冻害低温到来前，栗园灌水可提高土壤的热容量，抵御冻害。也可在栗园的周围和园内不同的地点，用各种秸秆和杂草与土分层堆放，堆外围土，然后点火熏烟。熏烟时间在夜晚无风时进行，使烟雾布满全园，减少土壤热量蒸发；让烟雾吸收湿气，放出热量，提高气温，抵御冻害袭击。此外树干涂白、枝干上喷洒防冻剂如羟甲基纤维素、地面覆盖等，也可起到有效防冻作用。经常发生冻害的地方，可在栗园中间作绿肥等常绿低冠经济作物，提高栗园气温。冻害发生后，要及时修剪冻死的枝条，开春后进行嫁接补头补枝。

(2)风害的预防

在栗园的风口营造防风林；嫁接后的幼树和结果多的枝旁设立支架，均可预防大风危害。对受灾后的栗园，要及时扶正被风吹倒吹歪的栗树，将根部培土压实；被吹断的枝条，要及时修剪，伤口处要涂胶涂白保护。

(3)雪害的预防

板栗树枝条很脆，冬季遇大雪极易压断。大雪后，应及时除掉树枝上的积雪，防止压断树枝。受灾后要及时包扎支撑断裂枝，剪掉压断枝条，以减少雪害的损失。

104. 怎样进行花桥板栗树体的保护？

树体保护，主要是对树干进行刮皮、涂白、补洞等，以防止不良环境和病虫对树干的侵袭和危害。

(1)刮皮

老龄栗树的粗皮很厚，缺乏生命力，制约栗树的加粗生长，又是病虫害越冬的场所，如不刮掉，对树体危害较大。刮皮的时间宜在板栗休眠期进行。刮皮的方法是用刀将主干和干枝基部开裂的老皮粗皮刮下，集中烧毁。刮皮不要太深，以露出新皮为宜，过深会伤害皮层。树皮刮完后要及时涂白。

(2)涂白

栗树病虫害多在树干和枝条的树皮隙内越冬，无论是刮过皮的还是没刮过皮的树体，都要在落叶后土壤结冻前和翌年的早春对树体各涂白一次，以杀死越冬的害虫和病菌。涂白剂是用生石灰10千克、硫酸铜0.5千克、水25千克。先用适量的热水将硫酸铜化开，用适量的冷水将生石灰化开，然后将硫酸铜液倒入石灰水中，充分搅拌即成。也可用生石灰4.5千克、植物油0.1千克、食盐1.25千克、硫磺粉0.75千克、水18千克。先用热水分别将生石灰、食盐化开，搅拌混合，再加入硫磺粉和植物油，然后对水搅拌均匀即成。

第七章　花桥板栗花果管理

105. 花桥板栗花果管理的内容与意义是什么？

花果管理是关系栗实优质、丰产的技术关键，其内容涉及栗树合理的产量标准、栗实的质量标准、疏花疏果、保花保果、提高坐果率等。有效的管理对于提高结实率，增加单粒重，实现丰产丰收极为重要，是栗园管理的核心环节，应认真细致地搞好。

106. 花桥板栗优质丰产园的产量标准如何确定？

优质丰产栗园，栗树的产量必须既丰产、又稳产。

(1) 丰产栗园的产量

栗实产量是板栗生产的主要经济指标，也是生产者最终的目的。产量受多种因素制约，如栽培条件、树体类型、树龄老幼、树冠大小、树势强弱等，但根本的决定因素是品种的优良种性。产量指标主要指在确定了栽培品种的前提下，根据栽培条件确定的产量标准。经过多年研究和实践，结合我国的实际情况，我们认为栗实的产量指标可以下表表示：

栗实产量指标表

树体类型	树　龄	树冠覆盖率(%)	产　量（千克/亩）
嫁接树	5 年生以内	30～60	40
	6～10 年生	60～70	120
	11 年生以上	70～80	200
高接树	4 年生以内	30～70	50
	5 年生以上	70～80	120
成龄实生树	15 年生以上	70～80	100

(2) 单株的合理负载量

主要以盛果期单株产量为标准，根据不同立地条件和不同管理水平确定的产量指标。它可以用单位树冠投影面积的产果千克数表示，也可以用单株产量表示。以单位树冠投影面积的产果量（千克/平方米投影面积）表示，一般山岭薄地不低于 0.25 千克/平方米，山坡地不低于 0.5 千克/平方米，土质肥沃的平地不低于 0.75 千克/平方米。以单株产量表示时，一般山岭薄地不低于 15 千克/株，土层较厚的山坡地不低于 25 千克/株，土质肥沃的平地和沟谷地不低于 35～40 千克/株。

107. 花桥板栗的花果期是什么时候?

在湖南湘潭 3 月上中旬萌芽，3 月底展叶，4 月底雌花出现，5 月上中旬盛花，8 月底果实成熟，11 月中旬至下旬落叶。20 世纪 90 年代初资源调查时发现该树果实成熟期 8 月底，比九家种、铁粒头等优良品种早 15～30 天。

108. 为什么要对花桥板栗进行疏花疏果?

疏花疏果即疏去过多的雄花枝和过弱的雌花枝。板栗的雄花数量特别多，一般比雌花多 1000～4000 倍，太多的雄花消耗大量的养分，对雌花的发育不利。因此，要人工除雄花、增雌花，以利于栗实增产增收。为了提高栗实的品质，使栗果均匀一致，也要疏掉部分过弱的雌花枝及瘦小的栗苞。

109. 花桥板栗疏花疏果的主要技术有哪些?

(1) 疏雄花

除雄是在能保证有足够花粉授粉的前提下，剪除雄花枝，可以有效地减少养分消耗，促进雌花芽分化，提高坐果率和结实力。板栗属异花授粉果树，过多的雄花消耗掉树体内大量的养分，影响树体生长和幼果发育。据报道，自花授粉结果率最低时仅有 0.71%，通过疏雄可使板栗当年产量提高 47.2%～54%。疏雄能节省贮存于树体内的大量养分，促进树体生长和幼果发育，因此疏雄也是减少生理落果和提高栗实品质、产量的有力措施。

(2) 疏果

疏果就是去掉过弱的果枝和果枝上过多的幼苞，减少营养不足而引起幼苞过多脱落和发育不良。办法是去掉丛苞中后生长出来的比较小的栗苞，保留先生长出来的比较大的栗苞。去留多少，以果枝的发育强弱状况而定，一般果枝长30～35 厘米，可留苞 2～3 个，20～30 厘米的留苞 1～2 个，生长弱的枝留 1 个苞。在一株树上，树冠外多留，树冠内少留。疏果时期，总的原则是宜早不宜迟，以利树体节约大量的营养物质，供给留下的花果的需要，疏果一般在 7 月上旬完成。疏除对象是丛生果、过密果、病虫枝及先端发育不良果。

110. 如何对优质丰产花桥板栗树体进行疏雄?

(1) 疏雄时间

板栗疏雄宜早不宜迟，一般在 4 月底至 5 月上旬进行，也可分两次完成。第一次是在雄花序长到 3 厘米左右时，疏除一部分雄花序；第二次在混合花序出现时进行，这时混合花序顶端稍带紫红色且较短，很容易识别。

(2) 疏雄方法

包括人工疏雄和化学疏雄两种方法。

1）人工疏雄：保留混合花序，人工疏除全部雄花序，低处的可以随手摘除，较高处可用木钩、铁钩拉近，或踏木梯上树摘除，摘雄时最好由上而下，由内到外。注意不要误疏混合花序。

2）化学疏雄：近年来，我国科研人员自行研制出了板栗化学除雄剂，如疏雄醇、生花调节素等。用化学除雄剂除雄，可收到明显效果，亩产量由原来的130千克增至170千克左右，增产幅度30%，且投资少，每支药剂6元钱可喷胸径为18～20厘米的树8～10株，见效快、效益高，是板栗生产值得推广的一项重要措施。具体施用方法如下：①喷药时间。根据当地开花时期的不同灵活掌握，一般在5月中下旬至6月上旬。掌握标准是当雄花穗长到8～10厘米，混合花序长到1～2厘米时，喷药最为适宜，过早过晚均不理想。过早叶片幼嫩，喷涂除雄剂后幼叶出现翻卷；过晚雄花对疏雄醇的敏感程度降低，疏雄率降低。②喷药剂量。通过3年试验表明，喷施不同浓度，药理反应相差很大，最佳浓度是1000～1300倍，每支加水7～8千克为宜。可与某些杀虫农药及某些营养元素混喷，减少用工，降低成本。如与叶面喷肥结合起来使用，效果更好。③喷药注意事项。喷洒后12小时内遇雨应重喷。但不能喷得过多，使叶片上流药；也不能喷得过少，最好直接喷洒到雄花序上，因为疏雄醇移动性较差，喷不到位，雄花不会脱落。在树尖的地方留一部分不喷，以作授粉用。④药理反应。喷后5天开始落雄，7～8天达落雄高峰，一般落雄达65%～75%，大大减少了养分的消耗，有利地保障了有效花序的养分供给。对栗树进行对比实验(全是粗放管理，不打药、不施肥、不浇水)，喷药后平均每个结果母枝坐苞4～5个，不喷的2～3个。喷药的500克栗果数58～65个，不喷药的为72～80个。喷药的新梢长度平均23厘米，尾枝饱满芽3～4个，不喷的平均14厘米，尾枝饱满芽2～3个。第二年结果母枝喷药的能抽生果枝2～3个，不喷的1～2个。喷洒板栗化学除雄剂比不喷能增收10%～30%。实践证明，使用板栗化学除雄剂，再辅以精心管理，亩产增产30%左右。按500克板栗5～7元计算，亩增收390～550元。

(3)疏雄量

疏雄量一般在90%～95%，除树冠顶部及边缘部位的适当保留外，其余的雄花序一律疏除。

111. 为什么要对花桥板栗树体进行保花保果?

花桥板栗自花授粉基本上不结栗果，形成空苞，板栗空苞就是栗苞中没有栗子，群众叫“哑巴栗子”。因此，为了提高坐果率，保花保果势在必行。这项措施乍看似乎与疏花疏果相互矛盾，但实际上它是矛盾的另一个方面，两者既对立又统一。

112. 花桥板栗空苞有什么特征？

(1)空苞的形态

板栗雌花数量一般比较少，而且落花落果现象也不严重。但是栗苞(刺苞)在发育过程中途，生长停滞，形成核桃大小的圆球形总苞，一直保持绿色，到板栗成熟期，一般正常的总苞由绿转黄，产生离层而脱落，而这种空苞不易脱落，甚至比叶子脱落还要晚。栗苞中的栗子是干瘪的，只有蚕豆大小，而且有皮无肉，无食用价值。

(2)胚胎发育特征

空苞栗实的胚胎发育停滞，每个子房中的16个胚珠一直保持同等大小，没有一个膨大发育的现象，在湘潭地区到7月上旬，胚全部干瘪而败育。这时胚珠外的珠被(子房壁)发育一段时期后干瘪，形成蚕豆大小的瘪粒，外边的总苞发育到核桃大小后停滞扩大。总苞因为中间没有栗子而不再扩大，但是苞皮很厚，在发育过程中消耗大量营养，比早期落果对栗树更为有害。板栗空苞就是栗苞中没有栗子，群众叫“哑巴栗子”，空苞现象严重影响板栗的产量。据调查，花桥板栗平均有20%～40%的空苞率，不少板栗园空苞率占50%，甚至达90%。

113. 花桥板栗空苞产生的原因有哪些？

板栗常存在程度不同的空苞现象，是影响板栗增产的重要原因之一。空苞在成熟期保持绿色不开裂，个小，苞内坚果不发育。田间自然空苞率大体为15%，严重的达70%以上。产生空苞的原因有多种：

(1)授粉受精不良

由于花期遇到长期阴雨，或品种少、花期不遇、授粉不亲和等因素，授粉受精不良引起子房不发育造成空苞。正常苞在田间雄花序落净后约3周(7月上旬)就能分辨出子房内鲜活的成育胚珠和变黄褐的败育胚珠。

(2)缺乏微量元素

坚果在早期发育停滞，是因缺乏微量元素特别是缺硼引起。硼是受精过程中必需的元素，缺乏硼就不能正常受精，导致胚胎早期败育。试验表明，板栗空苞率与土壤中硼含量密切相关，当土壤中含速效硼量高于0.48毫克/千克以上时，空苞率在8%以下，达到0.5毫克/千克时基本不空苞，土壤含速效硼量低于0.094毫克/千克时，空苞率达80%以上。河滩沙土土壤贫瘠，含硼率低，山区沙砾地，由于土层浅、有机质含量低和干旱、土壤固定硼作用强，造成土壤速效硼含量低而导致缺硼，均会引起空苞和小果。

(3)营养不良

板栗从受精到果实成熟，所经时间较其他木本果树短，对养分需求强度大。试验表明，正常栗总苞和子房内氨基酸、还原糖、淀粉、矿质元素含量和呼吸活性均明显高于空苞栗总苞内含量。结苞负载超量，幼果期间的营养竞争，也会导致部分空苞产生。

114. 如何预防花桥板栗空苞?

花桥板栗空苞的防治除了要加强肥水管理、树体管理和病虫害防治、增强树势外，最重要也最为有效的防治手段就是施硼。

(1)施硼的效果

在空苞严重地区春季施硼可有效地减少空苞率，即在春季萌芽前环状沟施而后浇水，每棵栗树(树冠直径3~4米)分别施硼砂0.15~0.3千克，空苞率可分别降至3.68%~2.27%，而没有施硼的栗树平均空苞率为85.53%，空苞率明显降低。施硼的幼树平均株产栗实2.56千克，不施硼的平均每株产栗实0.46千克，提高产量6~7倍。由于不少山区春季灌水有一定的困难，因此，可在7~8月用环状开沟或穴施，将硼砂施在树冠外围须根密集分布的区域。每株施硼砂0.15~0.2千克。施硼后可不必浇水，通过雨水溶解硼肥，渗透到根系附近被根吸收。这时期施硼对当年降低空苞率没有作用，因为空苞形成是在胚胎发育的早期，但是对第二年降低空苞率有明显的效果。雨季施硼后，第二年空苞率由原来的98.87%下降到5.86%，如韶山市银田镇山花村余伟强栽植花桥板栗161亩，2009年施硼，空苞率下降到7.89%，每亩产量为210千克，产量提高7倍。可以看出，施硼对第二年防止空苞有明显效果，年产量大幅度增加。通过几年连续观察。发现施硼的效果能延续多年，无论春季施硼，还是雨季施硼，施一次后3年之内有明显的效果，使50%以上空苞树每年都可以降低到5%以下。可见板栗吸收硼的数量不需要很多，土壤施硼后5年都可以满足板栗对硼的需要。

(2)施硼量和喷硼

施硼能明显地抑制板栗空苞的形成，但是施硼的量必须合适。以树冠大小计算，每平方米施硼10~20克为合适，要求施在树冠外围须根分布最多的区域。例如幼树冠幅10平方米，可施硼砂150克。大树根系分布广，要按比例多施硼。但施硼量过多，如每平方米树冠超过40克，就会发生药害，表现出硼中毒的症状，其叶边缘及叶侧脉之间呈现褐色，叶片变脆，主脉向叶背弯曲。如果每平方米树冠超过60克，全树叶片边缘呈红褐色，并向中心发展，除叶脉附近呈绿色外，其他区域呈烧焦状，叶子逐渐枯萎，顶端嫩叶更为敏感，危害明显。所以一定要事先计算好施硼量，达到既能有效地防治空苞的产生，又不产生药害的目的。叶面喷硼是一种快速的方法，对防治空苞有一定的效果，例如在花期喷0.3%的硼砂，空苞率为47.75%，而对照树为62.16%。如果连年喷硼，其效果越发明显，说明喷硼后树体内硼的含量可不断增加，对以后减少空苞率有一定的作用。但是经试验证明，其效果不如沟施硼好，可能是板栗叶片蜡质层厚，叶面吸收比较困难，也可能是叶片吸收后运送到生殖器官不如根系吸收后运输效果好。

(3)土壤中的含硼量

通过空苞率与土壤中含硼量的测定得知，土壤含速效硼在0.5毫克/千克以上时，板栗基本不发生空苞观象；当土壤中含速效硼在0.5毫克/千克以下时，随着硼含量的降低，空苞率升高。所以土壤含速效硼0.5毫克/千克是临界指标。低于这个含量，则影响板栗正常的受精过程，使胚胎发育早期停滞，从而形成有蓬无实的空苞。

115. 如何提高花桥板栗树体的坐果率？

花桥板栗自然授粉坐果率较低，授粉不良或营养不足会出现落果或空苞现象，对栗实产量影响较大。因此，通过增加雌花量、人工授粉、预防空苞等措施是提高栗树坐果率、防止落果、是提高栗实产量的重要途径之一：

(1)增加栗树雌花量

板栗树体高大，但雌花量却很少，这是板栗树低产的主要因素之一，因此增加雌花数量可以提高栗树的产量。首先选择雌花量比较多的大果型优良品种；其次土壤多施磷肥，使土壤中速效磷含量达到40~50毫克/千克，第三，在早春施氮肥并及时浇水，此项工作在3月上旬前必须完成。

(2)人工授粉

板栗是典型的异花授粉树种，授粉的方式有风媒授粉、虫媒授粉和人工授粉3种。为提高栗实产量和品质，有必要进行人工授粉。

1)选择授粉树：利用板栗单粒重对花粉的直感作用，选大粒品种作授粉树，可显著增加单粒重；利用其对成熟期的直感作用，可根据市场需求选择早熟或晚熟品种作授粉树，从而提高经济效益。总之，应以粒大、丰产、品质优良的品种为授粉树首选条件。

2)花粉采集与处理：当大部分雄花序的花簇由青变黄时，即为雄花序采摘适期。若采集过早则花粉不成熟，授粉效果差；若采集过晚则花粉容易飞散，采不到高质量的花粉。各地花粉成熟期差异较大，应注意观察，适时采摘。花粉的花序采集后应及时摊开，以免挤压受热发生霉变，影响花粉生命力。最好摊晾在白色有光纸上，上面盖一层白色有光纸，置于阳光下晒，四边压好，以免风吹。每天翻动3~5次，花粉在2~3天内即可全部散出。然后用细筛子筛出花粉，将花粉充分晾干后，装入广口瓶中备用。

3)授粉方法：当一个总苞中的3个雌花柱头完全伸出分叉并展开，柱头上茸毛分泌黏液时，即是人工授粉的最佳时期，此期一般持续10~15天。授粉应在晴朗无风的天气进行，以上午为佳。授粉时用毛笔或带橡皮头的铅笔，蘸花粉后，点到雌蕊柱头上即可。也可用纱布袋震花粉法或喷粉法授粉，缺点是授粉不均匀，效果不佳，需用花粉量大。用滑石粉或淀粉与花粉按 3∶1 制成混合花粉，间隔 5 天左右进行第二次授粉，效果更为理想。授粉的方式除人工授粉外，还有风媒授粉和虫媒授粉。风媒授粉，受风力大小和栗园授粉树之间距离远近的制约，一般 30 米以内授粉效果较好，50～100 米授粉效果较差，100 米以外基本无效。人工授粉效果虽好，但难度大，不易操作，特别是高大的栗树无法进行，除幼树可以采用外，中老树栗园用虫媒授粉，是提高栗树授粉率最经济最有效的办法。虫媒授粉，除保护好生态环境，利用自然界昆虫传粉外，要大力发展栗园养蜂，发挥蜜蜂的传粉作用。蜜蜂授粉，一般以每 10～15 亩栗园放养一箱蜜蜂为好。蜜蜂要在栗树开花前两到三天投放，投入时要把蜂箱放在栗园的中央，以达到均匀授粉、充分授粉的目的。

(3) 提高结实能力

首先在栗园栽植幼苗时，品种一定要按比率搭配，以创造栗树进入结果期有较良好的授粉受精条件。其次要及时进行除摘雄花序工作，除雄花可以提高坐果率。第三要进行人工授粉，它可以提高坐果率及结实率 20%～40%。第四在花期喷 400 倍的硼酸钠液，它不仅可以减少空苞率，还可以提高坚果单粒重近 40%。第五要加强栗园土壤的肥水管理，增施硼肥，土壤中有效硼含量不能低于 0.5 毫克/千克。第六要加强病虫害防治，尤其对果实害虫的防治，如桃蛀螟、栗皮夜蛾、栗实象鼻虫等。

116. 如何提高花桥板栗坚果重量?

花桥板栗同一个雌花序中心花比两侧花早开 4～5 天。因此，中心花一般比两侧花的生长发育好，花比较大，它形成的果实也比两侧果大。所以，从春季发芽开始到开花这段时期内，栗树的营养状况直接影响栗树雌花数量与雌花质量，此时期必须加强栗园土肥水的管理工作，使中心花及两侧花均能充分发育。8 月上旬至中旬是花桥板栗果实的迅速生长膨大期，此时除加强栗园土肥水管理以外，要进行叶面喷肥，要求每隔 10～15 天喷一次尿素，浓度为 0.3%～0.5%；喷一次磷酸二氢钾，浓度为 0.2%～0.3%。叶面喷肥可提高单粒重 10% 左右。此外，在花期还要喷施硼肥，喷施 400 倍的硼酸钠液，可减少空苞率 5%～40%，可提高单粒重 40% 左右。提高坚果单粒重还有一个重要的措施，即要适时采收，必须使栗实达到充分成熟后再采收，此时栗实的饱满度达到最佳时期，其品质和单果重均达到最佳程度。

117. 克服花桥板栗大小年的措施有哪些?

板栗大小年是多种因素造成的产量不均现象，其主要因素是营养失调而导致的生花与结果的矛盾，克服大小年、减小大小年的产量差异幅度，关键在于调整树体的营养状况：

(1)加强管理

加强栗园土、肥、水管理是克服板栗大小年现象的根本措施。

(2)合理修剪

大年栗树修剪是以保证当年产量、促进营养生长、多留预备枝为原则的。修剪要适度加重，调整结果量，疏除细弱枝、过密枝，使树冠内膛通风透光良好，减少树体营养消耗，增加养分积累，促进花芽分化和雌花原基形成，为小年丰产奠定基础。小年时加强保果措施，提高授粉质量，修剪以轻剪为主，保花保果，使小年不小，做到连续平衡丰产。

(3)疏果定产

栗树大小年时，虽通过修剪调整了花芽量，但仍需加强坐果后的管理。若坐果过多，则应适当疏除。

118. 板栗衰弱树的促花管理方法有哪些?

板栗雌花分化时期与萌芽、展叶同时进行，此前若把弱树的养分集中到较壮的果枝上，既能当年获得较高的产量，又可使树势较壮，为下年高产稳产打下基础。具体方法是：

(1)整体集中营养

在修剪过程中，疏除过密拥挤、交叉、重叠、横生枝衰弱的大中型辅养枝或枝组，打开层间距，使树体集中养分，通风透光。在修剪结果枝时，疏除枝中下部的无效枝、细弱枝，适当保留较壮的发育枝，每个结果枝组一般选留1~2个结果母枝，每平方米树冠投影面积选留6~9个结果母枝。

(2)个体集中营养

4月中下旬芽体萌动后，抹掉结果母枝基部弱芽，使养分全部集中到枝条顶端的饱满芽上。对于主枝光秃带部位萌发的芽体，可适当保留1~2个，培养内膛结果枝组，其余全部抹掉。

(3)树上树下补充营养

板栗发芽前，根据树体大小，追施氮磷钾复合肥，补充树体营养。展叶后至雌花盛期，连续喷洒2次0.3%尿素、0.2%硼砂补充硼元素，减少空蓬率。

119. 板栗采后管理技巧有哪些?

每年9~10月，是板栗采果的时期，也是板栗形成次年产量的花芽分化期。板栗采果后，如何加强管理，是影响来年产量的关键因素。

(1)合理施肥

一般每100千克板栗发育成熟需消耗纯氮、钾各4.5~5千克，磷1.5~2千克。板栗采果后应及时补施以有机肥为主的肥料。8~10年生树，每株沟施厩肥

50 千克，尿素 0.5 千克。10 年生以上树按结果量而适当增加肥量。

(2) 浇水抗旱

板栗采果后，树体水分损失较大，加之有可能面临秋、冬旱，因此采摘后要浇一次透水以抗旱。

(3) 深翻扩穴

具体做法是从树冠外根少的地方向里刨，刨到细根较多的地方为止。注意少伤 0.5 厘米以上的粗根。深度以 60 ~ 80 厘米为宜，将刨出的沙砾、石块拣出，换成好土。同时应把杂草、落叶、草皮土、绿肥等有机物质压入穴内，增加土壤的有机质。

(4) 防治病虫

采果后应及时清园，剪去病、虫、枯枝，清除脱落在地面上的病枝虫叶。发现病虫适时施药防治，农药可选用倍量式波尔多液、40% 氧化乐果乳剂 1500 ~ 2000 倍液等。

120. 落叶前板栗叶面施肥的作用是什么?

板栗落叶前一周及时喷施一次叶面肥，此法可以增加落叶前板栗叶片的生命力，使它比较高效地继续进行光合作用并合成碳水化合物，进而促使板栗花芽分化完全。叶面肥一般采用 0.4% 的尿素和 0.3% 的磷酸二氢钾，要求均匀地施在叶片表面和背面，适宜在早晚进行。

第八章　花桥板栗病虫害防治

121. 板栗病虫害防治的原则是什么?

近年来，板栗栽培逐渐趋向于集约化，不仅要求高产，而且要求优质。要获得板栗的高产优质，除了要选择优良品种和采用先进的栽培技术以外，病虫害防治也是一个不可缺少的重要内容。随着科学技术的发展，对各种病虫害发生规律认识的不断加深和新技术的应用，人们对病虫害的防治也赋予了新的概念。即从生态学的整体观点出发，本着预防为主的指导思想和安全、有效、经济、简易的原则，因地制宜地合理运用农业、化学、生物、物理的方法，以及其他有效的生态学手段，把害虫控制在不足危害的指标值以下，以达到既增加产量，又保护人、畜健康的目的，即对板栗病虫害实施综合防治。

122. 板栗病虫害发生的特点有哪些?

板栗在我国分布地域辽阔，南北跨越亚热带和暖温带；在垂直分布上差异也很大。大部分栗树栽植在山地和丘陵地带。有的栗园是由林地改造而成，有的栗树与其他林木混植。这种复杂的生态环境就构成了多种病虫害繁衍生息的生态学基础，因而，栗树病虫害的发生有其以下特点：

(1) 栗园内植物种类复杂，病虫种类繁多

我国栗园内病虫种类繁多，据《中国果树病虫志》(第二版) 记载，危害板栗的病害有 29 种，虫害有 258 种。有许多害虫除危害板栗外，还危害其他林木，如食叶害虫舞毒蛾，寄主范围广，食量大，是重要的森林害虫。一些常见的食叶害虫如大窠蓑蛾、苹掌舟蛾、盗毒蛾、黄刺蛾、金龟子类和一些枝干害虫如草履硕蚧、吹绵蚧、星天牛、云斑天牛等，除危害栗树外，许多林木都是它们的危害对象。由于这些害虫的寄主范围广，适应性强，很容易造成危害。根据这一特点，在板栗病虫害防治上，不能只考虑单一的病虫害防治，还要考虑到某些多寄主害虫的防治，才能获得较好的防治效果。

(2) 栗园内有害有益生物并存

在板栗园这个比较大的生态系统中，栗园和周围环境中的各种生物因子(动物、植物、微生物)和非生物因子(土壤、水、大气、光，热等)之间的关系密切而复杂，随着环境条件的变化而变化，构成一个相对平衡的稳定状态，在一定的时空条件下，其间有害生物与有益生物的繁殖达到相对平衡稳定的程度。由于各因子之间的相互制约，就不会出现板栗病虫害暴发成灾的现象。如：各种益鸟、瓢虫、蜘蛛、捕食螨等有益昆虫，它们食性很广，除捕食板栗害虫外，还捕食多种害虫；中华长尾小蜂能有效地控制瘿蜂蔓延；芽枝状芽孢霉菌在自然界对板栗红蚧的寄生率高达60.7%；食虫鸟类也是控制板栗害虫的有效天敌。由此可见，栗园生态系统的稳定和平衡依赖于生物种类的多样性、食物链关系的复杂性和种间数量比值的相对恒定性。当受到某种因素的干扰时，系统可通过自我调节由不平衡状态回到平衡状态。板栗病虫害综合治理应以建立和协调栗园最优生态系统为基础，实现良性循环，保持有虫无灾。但是，随着板栗栽培面积的迅速扩大，人类活动自觉或不自觉地破坏了原有的生态平衡，如农药的大量使用、毁林开荒、乱砍滥伐等。人类在防治害虫的同时，也杀伤了天敌和其他有益生物，造成环境污染和生态失调，导致病虫害蔓延，甚至暴发成灾。因此，栗园病虫害防治必须实施综合治理，才能收到事半功倍的效果。

(3)栗园内主要病虫危害方式独特

板栗的几种主要病虫害是影响板栗生产的重要因素。如栗瘿蜂只危害板栗一年生枝条的芽、叶及花序，形成独特的虫瘿。这种害虫一生中大部分时间内隐蔽生活，只有成虫期暴露于外。在大发生的年份，人们往往束手无策，遭受经济损失。但可喜的是，有一种寄生蜂——中华长尾小蜂专门寄生于虫瘿中的栗瘿蜂幼虫，是自然界控制栗瘿蜂发生的主要因子。所以，在对栗瘿蜂的防治上，只采用化学防治法很难奏效，而剪除害虫喜欢产卵的枝条和保护利用寄生蜂是防治栗瘿蜂的主要措施。栗实象是板栗的另一种重要果实害虫，常常造成板栗有果无收。这种害虫的幼虫一生都在果实内生活，老熟后才脱果入土化蛹。根据这一危害特性，采用捡拾落果、药剂熏杀果内幼虫和药剂处理土壤消灭入土越冬幼虫等方法，可有效地控制危害。栗干枯病(胴枯病)分布于全世界板栗产区，是威胁板栗生产的主要病害。这种病害主要发生在主干上，且基部发生较多，严重时造成全树死亡。引起病害的病菌是一种弱寄生菌，在自然界分布较广，只有在树体衰弱的情况下才能致树体发病，造成危害。另外，病菌侵入寄主的主要部位是伤口。所以，加强栗树栽培管理，提高树体的抗病性，避免在树体上造成伤口，以减少病菌侵染的机会又是防治栗干枯病的根本措施。

123. 板栗病虫害综合治理有哪些必要条件?

栗树病虫害综合防治，必须具备明确的防治对象，准确的防治措施，有效的防治方法等条件：

(1)明确板栗害虫和天敌的种类

在板栗园这个比较大而稳定的生态环境中，病虫害种类繁多。但能造成经济损失的种类并不多，每个栗园少则一两种，多则三四种。一般情况下，在一个栗园采取哪些方法防治害虫，往往取决于主要害虫的发生情况，即制定害虫综合防治方案时，要围绕这些主要害虫来进行。因此，在开展综合治理时，必须了解栗园害虫和天敌的种群结构，根据害虫的危害程度，明确治理主攻方向。同时，也要明确天敌的主要种类及其对猎物的控制作用。

(2)制定主要害虫的防治指标

防治指标是指需要采取措施抑制害虫危害不超过一定水平时的虫口密度。防治指标的高低取决于四个方面：一是经济允许危害水平；二是害虫种群的发展速度；三是天敌对害虫的控制效能；四是挽回的损失和防治成本的比值。目前，板栗害虫防治大多采用经验指标或推断指标。有些地方见虫就防、到时就喷药的做法是不科学的。所以，开展害虫综合防治必须制定出科学的防治指标，以便采取适当的防治措施。开展害虫、天敌的种群监测是制定综合防治措施的依据，因为任何一种害虫或天敌都有各自的发育规律和特点。而害虫的发生量和发生期还受气候(温度、降雨、风等)、天敌和板栗物候期条件的影响。天敌的数量除受气候影响外，还受其食料(寄主)的欠丰和化学药剂的影响，后者往往是影响天敌种群变化的关键因子。常用的监测方法有害虫发育期距法、果树物候期法、引诱法和目测法等。要获得准确的监测结果，必须采用标准、科学的取样技术；只有制订出本地区的主要害虫生命周期表，才能准确把握害虫的发生时期、发生数量及其与天敌的关系，从而确定适当的防治方法。

(3)掌握防治技术方法的作用和条件

明确各种防治方法对害虫、天敌和果树有哪些影响，只有掌握了这些基本规律，才能使栗园害虫综合治理工作符合栗园生态规律和经济规律，才能使各种防治措施有机地协调起来发挥作用。

124. 板栗病虫害综合防治包括哪些内容?

板栗病虫害综合防治要全面贯彻“预防为主，综合防治”的植保方针，要以改善果园生态环境，加强栽培管理为基础，优先选用农业和生态调控措施，注意保护利用天敌，充分发挥天敌的自然控制作用。选用高效生物制剂和低毒化学农药，并注意轮换用药，改进施药技术，最大限度地降低农药用量，有限度地使用中毒农药，严禁使用高毒、高残留农药和“三致”(致癌、致畸、致突变)农药，以减少污染和残留，保证果品质量符合国家标准，达到优质丰产。

125. 板栗病虫害综合防治主要有哪些方法?

(1)农业防治

农业防治是板栗病虫害综合治理的基础。在整个板栗生产过程中，不同阶段所采取的种种栽培管理技术，对防治板栗病虫害都有直接或间接的作用。

(2)生物防治

生物防治就是利用有益生物防治有害生物的方法，这种方法在今后的害虫综合防治中将占有重要地位。在自然界，每一种害虫都有制约其种群发展的天敌，否则，这种害虫的种群就会变得非常庞大。这些天敌主要包括病原微生物(病毒、细菌、真菌等)、天敌昆虫(捕食性及寄生性昆虫等)和脊椎动物。其中最常用的天敌是昆虫。

(3)物理防治

物理防治就是利用害虫对物理现象的不同反应消灭害虫的方法。

(4)药剂防治

药剂防治是板栗病虫害防治的有效方法，特别是对那些发生量大、危害严重的病虫害更是不可缺少的防治手段。用化学药剂防治病虫害，要根据不同的地理环境条件和不同的防治对象选择不同的使用农药方法。

(5)植物检疫

是一个国家或地区的行政机构，以法规的形式，禁止或限制危险性的病虫、杂草人为地从一个国家或地区传入或传出，或者传入以后限制其传播扩散的一系列规章制度。它是由国家设立的检疫机关，依据检疫法规对过境或不同地区间调运物品实施检疫和处理。植物检疫主要是防止和消灭调运种子(种条、种根)、接穗、苗木、果品、包装材料等而传播的病虫害和杂草。严格检查其中的危险性病虫害种类，防止通过上述途径传播到新区。国际上对重要的检疫性病虫害各国都有明文规定，国内各省、市、自治区都有各自的检疫对象。栗实象是美国明令禁止输入的害虫之一。从植物检疫的狭义上来讲，在板栗发展新区，一些危险性病虫害或当地尚未发现的病虫，也应列入检疫对象。例如板栗疫病，1997 年在四川省、重庆市造成了毁灭性灾害；淡娇异蝽在河南南部、安徽南部产区曾大量发生，造成上千亩栗树死亡。在我国尽管有些主要病虫害分布范围较广，但在一些新区若能坚持严格的检疫制度，有许多病虫就不会发生。最明显的例子是栗瘿蜂。此虫寄主范围很窄，只有板栗是其唯一寄主。如果在引进板栗苗木或接穗时，严格检查是否带有这种害虫，发现后立即消灭，那么，这种害虫就不会远距离传播。最容易随苗木或接穗传播的害虫要属介壳虫，这类害虫寄生在枝条上，有的种类小得肉眼不易发现，很容易随苗木或接穗的远距离运输而传播到新区，这是此类害虫分布较广的主要原因。所以，在新发展的板栗园，对苗木、种子和接穗要严格检查，一旦发现有严重危害的病虫，对苗木要做适当的处理，或停止从疫区提运苗木。为防止病虫传入，在栽树前也应对苗本进行适当的药剂处理。

(6)害虫防治新技术

害虫防治新技术主要包括：使用昆虫化学信息素、昆虫生长调节剂。生产上以昆虫信息素(性外激素)的应用较为广泛。其主要用于害虫预测预报，也用于害虫防治，但应用范围不大。昆虫生长调节剂在防治害虫方面应用较多，常用品种有灭幼脲1号、灭幼脲2号等。有人把这类农药称为软农药。这是害虫综合治理中的一类重要杀虫剂。

126. 农业防治和人工防治主要包括哪些内容?

农业防治和人工防治主要包括:

(1)整形修剪

合理的整形修剪，有利于培养牢固的树体骨架，改善光照条件，增强树势，提高树体抵抗不良环境和病虫危害的能力。结合整形修剪，剪除病虫枝，刮除主干和主枝上的翘皮，带出栗园集中深埋或烧毁，可以减少病虫源。

(2)深翻改土与耕翻

栗园深翻改土、扩穴(树盘)与定期(冬、夏)耕翻，有利于提高土壤保水保肥能力，改善土壤理化性质，同时可将土壤中害虫翻入地下深埋、翻出地表冻死或直接杀死，破坏害虫的生存环境。这是防治在土壤中生存(越冬)害虫的主要措施之一。

(3)合理密植，适当间作

在建栗园时，一定要根据当地的环境条件，做到合理密植，既要考虑丰产丰收，又要考虑稳产优质和有利于病虫害防治。合理间作，如间作绿肥作物、农作物等，可增加栗园植被，有利于树体生长发育和病虫害防治。

(4)科学施肥与排灌水

合理的肥水管理，可以增强树势，提高树体自身抵抗病虫危害的能力。实践证明，在立地条件好、栽培管理技术水平高的栗园，能有效地防止疫病的发生。另外，肥水管理可以迅速改变病虫害生存环境，对控制病虫害流行有明显的作用。

(5)选育抗病虫品种

利用果树自身的抗病虫机制，选育出具有抵抗病虫能力的优良品种，是板栗病虫防治中一种既经济、安全，又简便有效的方法。如栗苞针刺硬、密、长的品种较抗栗实害虫，我国板栗比美洲栗较抗疫病等。

(6)人工防治，清理栗园

根据板栗病虫害的发生规律和生物学特性，对危害较重的主要病虫害，采取人工捕杀的方法进行防治，可收到较好的防治效果。如板栗疫病，可以通过人工适时刮除病疤进行防治；利用天牛成虫飞翔能力差和幼虫初期固定危害的习性可对其进行人工捕杀；利用象鼻虫等害虫的假死性进行人工捕杀。枯枝落叶及落果，是许多病虫害的寄主和越冬场所，及时清出栗园，集中深埋或烧毁，以减少虫源。

127. 生物防治主要包括哪些内容?

生物防治内容主要包括:

(1) 利用天敌

自然界中天敌对抑制害虫的种群发展起着决定性作用。天敌种群的发展依赖于害虫种群的发展，尤其对一些专性寄生天敌，其依赖性更强。如中华长尾小蜂，只有在栗瘿蜂大流行年份，其种群数量才会明显增加。当天敌的种群数量达到最大时，瘿蜂幼虫被寄生率达到高峰，其危害就得到明显控制。由于瘿蜂大量减少，中华长尾小蜂因找不到寄主也就自然消减，甚至找不到它的踪影。事实表明，天敌常常在害虫大发生后，一蹶不振，数年不起。抑制草履蚧和吹绵蚧发生的天敌有澳洲瓢虫、大红瓢虫和黑绿红瓢虫。还有一些瓢虫是捕食蚜虫的主要天敌。鸟类是栗园的卫士，许多鸟是害虫的有力杀手，特别对体形较大的害虫，如舞毒蛾、天社蛾等起着重要的抑制作用。微生物在害虫综合防治中有其独特的作用。微生物本身可以较长期地在环境中生存，并借助风、雨、寄主天敌等多种因素传播，从而扩大再感染，起着调节害虫种群数量的作用。

(2) 保护和招引天敌

即保护栗园原有的天敌昆虫和引入某些天敌昆虫。①保护栗园原有的天敌昆虫免受不良因素的影响，使它们保持一定的数量，可有效地抑制害虫的发生。如不要将剪下的带有寄生介壳虫、栗瘿蜂的枝条清出栗园，以使其羽化后重新寄生。合理施用化学农药是保护天敌的有效措施，防治中应尽可能采用农业的、生物的以及物理的措施。化学防治往往具有双重性，在治虫的同时，杀死大量天敌昆虫。在采用化学防治时，应充分考虑防治害虫和保护天敌。②补充栗园天敌昆虫：通常用人工繁殖大量天敌昆虫散放到栗园中消灭害虫，此法适用于本地原有的和引进的天敌昆虫。我国人工繁殖天敌应用于生产的很多。1974 年已有记录的赤眼蜂就有 12 种，利用最广的为松毛虫赤眼蜂。平腹小蜂、金小蜂、七星瓢虫和中华长尾小蜂的利用都收到了较好的效果。澳洲瓢虫的成功引进，已使南方的吹绵蚧陆续被消灭。③鸟类的招引利用：据河南省罗山县董寨自然保护区调查，该保护区有鸟类 169 种。其中专食昆虫的鸟类有 38 种，占 22.5%；既食昆虫又食植物种子的杂食性鸟类有 125 种，占 74%。该保护区开展人工招引益鸟防治害虫的研究工作，从 1975 年到 1983 年，在招引区共挂人工巢箱 4330 个，益鸟入巢繁殖的有 3193 个，9 年平均招引效果为 73.7%。实践证明："以鸟治虫，简单易行，保护生态，天敌立功"。如白云林区，利用鸟类防治害虫，使马尾松毛虫 20 余年来有虫不成灾。招引益鸟是防治害虫、保护生态平衡的有效措施。

128. 物理防治主要包括哪些内容?

物理防治内容主要包括：

(1) 黑光灯诱杀

有些害虫喜欢在夜间活动，并对黑光灯有强烈的趋性，可利用此习性，设置黑光灯诱杀成虫。黑光灯能诱杀百余种害虫，其中有严重危害果树的枯叶蛾、螟蛾、毒蛾、卷叶蛾、金龟子、木囊蛾、地老虎、天牛等害虫。这些害虫的活动时间有一定的规律，有的上半夜活动，有的下半夜活动。为了充分诱杀各类害虫，应全夜亮灯。若只为诱杀某一种害虫，可根据该虫活动规律适时开灯。黑光灯在诱杀害虫的同时，也诱杀了一些天敌昆虫。所以，此法只有在栗园害虫大面积成灾的情况下采用。

(2) 性诱剂诱杀

性诱剂诱杀法就是在田间安放一定数量比雌蛾释放性外激素浓度高的性诱剂诱芯及诱捕器，引诱雄蛾前来交配，将大量雄蛾直接杀死在诱捕器中，减少雄蛾的数量及降低雌蛾的交配压力的一种防治方法。诱杀法防治能取得良好效果，经过诱杀大量的雄蛾，改变了自然的性比，使性比失调，造成相当部分的雌蛾得不到交配的机会而不育，雌蛾的产卵密度下降，繁殖量明显减少，使虫害减轻而达到防治目的。诱杀防治成本低，简便易行，防治效果为52.6%~60%。性诱剂迷向法是在昆虫交配层空间，通过释放大量昆虫性外激素物质或含性引诱剂的诱芯，与自然条件下昆虫释放的性外激素产生竞争，中断雌雄个体间的性信息联系，以降低虫口密度、减少后代繁殖量，起到防治害虫作用的一种技术。应用性诱剂迷向法防治害虫，需要在成虫交配活动层空间，存在稳定的生态小气候环境，便于性诱剂气体物质滞留，对雌雄个体间的交配联系起到干扰作用，使雄蛾几乎找不到雌蛾进行交配，交配率显著下降。性诱剂是一种仿生的化合物，无毒无公害，成本低廉，使用方便，用它来防治害虫，可减少因滥施农药而造成中毒事件的发生和减轻环境污染，增强自然天敌的控制作用，保持生态平衡，有利于促进农业的可持续发展。性诱剂具有如下优点：①活性强，灵敏度高，一个诱芯能引诱几十米、几百米远的雄蛾；②专一性强，选择性高，只对特定害虫发生作用；③用法简单，价格低廉，每亩地用一到两个，有效诱蛾时间达一个月，可防治一个世代的蛾子；④无毒无害，污染小，属于仿生农药，不污染环境，对人、畜、天敌和作物无毒，无须直接喷施，长期使用不产生抗药性。性诱剂能够更加准确地进行虫情预测预报，它作为测报的工具和手段，可更好地制定防治措施，有效地指导害虫的综合防治。

(3) 温汤浸种

温汤浸种是板栗病虫害防治较常用的一种物理防治方法。板栗育苗时适当的温度浸种，既可杀菌，又可杀死栗实中的害虫。同时，可捞去浮粒，选择饱满粒贮藏待用。

129. 药剂防治有哪些方法以及适用范围?

常用的使用农药方法有喷雾法、涂干包扎法、熏蒸法和土壤处理法等。在防治食叶性害虫时，常选用喷雾法；防治刺吸式口器害虫如蚜虫、螨类、介壳虫等，可以采用药剂涂树干或涂主枝法；防治果实害虫和蛀干害虫如栗实象和各种天牛时，可采用药剂熏蒸法；防治在土壤中越冬的害虫时，可采用药剂处理土壤法。各种使用农药方法都有其优缺点，在具体运用时要用其所长，避其所短。

130. 采用药剂防治虫害应注意的问题有哪些？

采用药剂防治虫害应注意的问题有：

(1)明确防治对象，选择合适的农药品种

防治食叶性害虫如各种毛虫、金龟子等，要选用具有胃毒作用和触杀作用的杀虫剂，如敌百虫、辛硫磷、杀螟松、杀灭菊酯等。防治刺吸式口器的害虫，可选用触杀剂和内吸剂，如乐果、辛硫磷等；防治蛀干害虫或用药剂熏杀果实害虫时，要选用具有熏蒸作用的药剂，如敌敌畏、磷化铝、溴甲烷、二硫化碳等。

(2)确定用药时间和用药方法

应根据病虫害的发生规律，选择害虫对药剂敏感的时期用药，并且采取适当的用药方法。如防治介壳虫，一般在若虫孵化期采用喷雾法防治，此期是若虫尚未分散期，对药剂亦比较敏感，此时用药能获得较好的防治效果。若在虫体固定后再用药，因虫体分泌蜡质形成介壳，药剂难以直接接触虫体，杀虫效果降低。防治各种毛虫，一般在幼虫孵化盛期喷药，此时，幼虫对药剂比较敏感，虫体接触药剂后即死亡。防治栗实象的有效方法之一，是在幼虫脱果入土期和成虫出土期采用药剂处理土壤。在这两个时期要掌握好处理时间，过早或过晚都会影响防治效果。

(3)交替用药，避免害虫产生抗药性

长期施用作用机制相同的农药防治同种病虫害，会使病、虫产生抗药性，最明显的现象是连续施用同一种农药后防治效果下降。在这种情况下，果农往往采取加大用药量的办法，以求得较好的防治效果。如此下去，不仅增加了防治成本，而且还加重了环境污染。实践证明，选择作用机制不同的农药交替施用，既能减少环境污染，又能提高防治效果，延长农药的使用寿命。用波尔多液、硫全剂、柴油乳剂和有机合成农药或有机磷农药和除虫菊酯类农药交替施用防治病虫害，就能起到这一作用。

(4)混合用药，病虫兼治

农药混合施用是药剂防治病虫害经常遇到的问题。在生产中，防治病害和防治虫害往往是同时进行的，需要杀虫剂和杀菌剂混合施用，有时为了同时防治害虫和害螨，需要杀虫剂和杀螨剂混用。无论是杀虫剂和杀菌剂混用，还是杀虫剂和杀螨剂混用，在混用前必须弄清楚拟选用的两种药剂是否可以混合。须根据药剂说明书混用药剂，切勿随意混用。否则，会出现药害或失去对害虫、病菌的杀灭作用。一般来说，波尔多液和石硫合剂等强碱性药剂不能与大多数有机合成农药混用。

(5)禁止使用的农药种类

有机砷类杀菌剂，福美砷(高残留)；有机氯类杀虫剂，六六六、滴滴涕(高残留)、三氯杀螨醇(含滴滴涕)；有机磷类杀虫剂，甲拌磷、乙拌磷、久效磷、对硫磷、甲基对硫磷、甲胺磷、甲基异硫磷、氧化乐果(均属高毒)；氨基甲酸酯类杀虫剂，克百威、涕灭威、灭多威(均属高毒)；二甲基甲脒类杀虫、杀螨剂，杀虫脒(慢性中毒、致癌)等，均已列入禁止使用的农药。

(6)提倡使用的农药品种

微生物源杀虫、杀菌剂如 Bt、白僵菌、青虫菌、杀螟杆菌、阿维菌素、中生菌素、多氧霉素、农抗 120 等；植物源杀虫剂如烟碱、苦参碱、印楝素、除虫菊、鱼藤、茴蒿素、松脂合剂等；昆虫生长调节剂如灭幼脲、除虫脲、卡死克、扑虱灵等；矿物源杀虫、杀菌剂如机油乳油、柴油乳油、腐必清以及由硫酸铜和硫磺分别配制的多种药剂等；低毒、低残留化学农药如吡虫啉、马拉硫磷、辛硫磷、敌百虫、双甲脒、尼索朗、克螨特、螨死净、菌毒清、代森锰锌类(喷克、大生米－45)、新星、甲基托布津、多菌灵、扑海因、粉锈宁、甲霜灵、百菌清等，是目前提倡使用的农药。

(7)允许限制使用的中等毒性农药

主要品种有：乐斯本、抗蚜威、敌敌畏、杀螟硫磷、灭扫利、功夫、歼灭、杀灭菊酯、氰戊菊酯、高效氯氰菊酯等。

131. 花桥板栗的抗性和适应性如何？

根据多年的试验和观察，花桥板栗对栗疫病、栗瘿蜂、天牛等病虫害有较强的抵抗力。

132. 如何对花桥板栗进行农业防治？

首先是选用抗病品种。根据板栗生态区划指标，在最适宜区和适宜区选择优良品种发展无公害板栗生产。特别注意选择有较强抗病性、抗逆性的品种。其次是进行栗园间作和生草，以改善栗园的生态环境。实施冬季翻土、修剪、清园、排水等措施，减少病虫源。第三要加强栽培管理，增强树势，提高树体自身抗病虫能力。第四是提高果实采收和贮藏质量，降低果实腐烂率。

133. 如何对花桥板栗进行物理防治？

夜晚可用黑光灯引诱或驱避栗皮夜蛾、透翅蛾、金龟子、卷叶蛾等。可在树干上涂抹粘虫胶或在林间悬挂粘虫板，杀灭蚜虫、红蜘蛛等。

134. 如何对花桥板栗进行生物防治？

(1)改善栗园生态环境

按栽培技术中的有关规定执行。

(2) 人工引移、繁殖释放天敌

用西方盲爪螨、草蛉防治针叶小爪螨、栗大蚜；用黑缘红瓢虫防治栗绛蚧；用中华长尾小蜂防治栗瘿蜂等。

(3) 应用生物源农药和矿物源农药

使用生物源农药和矿物源农药。可以用烟草竿浸泡液防治蚜虫。

(4) 利用性诱剂

在栗园中放置桃蛀螟性诱剂和少量农药，杀死桃蛀螟成虫。

第九章　花桥板栗常见虫害

135. 栗瘿蜂的形态特征、危害情况及发生规律怎样?

又名栗瘤蜂，主要危害板栗，也危害锥栗及茅栗，分布很广，河北、河南、山东、陕西、江苏、浙江、湖北、湖南、四川、云南等地均有发生，不少板栗产区猖獗成灾。

(1)形态特征

成虫　体长2.5~3.5毫米，黑褐色，具金属光泽；触角丝状、14节，柄节、梗节为黄褐色，鞭节褐色，前胸背板有4条纵线，小盾板钝三角形，向上突起；翅透明，翅展2.4毫米，翅面有细毛，足黄褐色，跗节末节及爪深褐色。

卵　椭圆形，乳白色，表面光滑，一端具细柄，卵长0.1~0.2毫米，柄长0.6毫米，末端略膨大。

幼虫　乳白色，近老熟时为黄白色，体肥胖无足，尾部盾圆，头部略尖，口器先端淡褐色，老熟幼虫体长2~3毫米。

蛹　长2.5~3.0毫米，初呈乳白色，渐变黄褐色，羽化前变为黑褐色，复眼红色。

(2)危害情况

由寄主芽侵入，被害芽春季长成瘤状虫瘿，瘿瘤呈圆形或不规则的椭圆形，坚硬，樱红色，间带黄绿色。在瘿瘤形成过程中消耗树木大量养分，使叶片畸形，小枝枯死，由于不能抽生新梢，不仅当年无果实，而且还影响次年的产量。

(3)发生规律

栗瘿蜂每年发生1代，以初龄幼虫在芽组织形成的小虫室内越冬，次年4月上旬栗芽萌发时，幼虫开始活动取食。新梢长到2厘米左右出现小虫瘿，幼虫在虫瘿内危害，5月开始化蛹，可持续到7月上旬，6月上旬成虫开始羽化，持续期1个月，6月中旬开始产卵，直至9月下旬。成虫在瘿内羽化后需停留10~15天开始咬孔外出。飞翔能力不强，无趋光性，不摄食补充营养，寿命较短，一般为3~5天，孤雌生殖。卵产于当年生枝条上部的新芽内，每芽最多有卵15粒，一般2~3粒，每个雌虫可产卵200粒左右。幼虫孵化后在芽的花、叶组织进行短期取食，随后形成小虫瘿，每个瘿内有幼虫1~3头，但一虫一室，隔离寄居，9月下旬开始越冬。一般向阳、地势低洼、背风和长势较差的老栗园受害重，幼树和壮树发生轻。成虫出瘤期如遇多雨，可造成大量成虫死亡，不利于栗瘿蜂的发生。风对成虫的传布有一定影响，往往随着羽化期的风向而顺风扩散。寄生性天敌对虫口数量有一定的抑制作用，已发现寄生蜂7种，以跳小蜂的数量较多，对栗瘿蜂幼虫的寄生率最高可达70%。跳小蜂每年发生1代，以老熟幼虫和蛹在枯瘿内越冬，翌年3月下旬至4月上旬成虫陆续羽化，适在板栗瘿瘤形成时期，即产卵于瘿内栗瘿蜂幼虫体上，6月瘿瘤枯萎后，跳小蜂以老熟幼虫在瘿瘤内越冬。跳小蜂幼虫和蛹的形态与栗瘿蜂有些相像，其主要区别在于小蜂幼虫和蛹体较细瘦，面且色泽较深，幼虫为黄白色，性较活泼，蛹为黑色，并带绿色金属光泽。

136. 怎样防治栗瘿蜂?

(1)人工防治

成虫羽化前结合修剪，清除有瘿瘤的枝条，减少危害。对被害重的衰老栗树实行强度修剪，除枝条基部着生休眠芽的部分外，其余全部剪除，也可截去大枝，待萌发新技，实行上述措施后，两年即可恢复结果，并能较彻底地清除虫患，但应注意对栗园周围被害茅栗也要采取相应的防治措施。

(2)生物防治

早春大量采集瘿瘤，装于纱笼内，挂在栗瘿蜂危害严重的栗园中。由于瘿瘤剪下后栗瘿蜂成虫不能正常羽化，但寄生蜂仍能羽化，从而提高天敌寄生率。

(3)化学防治

在栗瘿蜂成虫出瘤活动盛期(约在6月中旬至7月上旬，各地应做好虫情测报)，向树冠喷洒80%敌敌畏2000倍液或40%乐果1500~2000倍液或50%辛硫磷乳剂1500倍液。树冠茂密的栗林，于成虫盛发期也可用杀虫烟剂熏杀。在春季幼虫开始活动时，用50%乐果5~7倍液涂树干，每棵树用药20毫升，涂药后包扎，利用药剂的内吸作用，杀死栗瘿蜂幼虫。

137. 剪枝象鼻虫的形态特征、危害情况及发生规律怎样?

又名剪枝象甲、锯枝虫、板栗剪枝象鼻虫及橡实剪枝象鼻虫等。在我国分布很广，危害板栗、茅栗、栓皮栎、麻栎、辽东栎、蒙古栎等树种，尤以板栗受害最重。

(1)形态特征

成虫　虫体黑蓝色，具金属光泽，密生银灰色绒毛，并疏生黑色长毛。雌虫体稍长，雄虫体稍短。

卵　长约1.3毫米，椭圆形，初产乳白色，渐变黄白，近孵化时一端呈现橙色小点。

幼虫　体长约4.5~8.6毫米，初孵幼虫乳白色，老熟幼虫黄白色，头部缩入前胸背板内，缩入部分白色，前端露出部分黄褐色，口器黑褐色，前胸背板宽大发达，具两块不很明显的橙黄色斑块，体多横皱，常呈镰刀状弯曲，胴部每节上横生一排较密的黄白色毛。

蛹　长0.7～0.9毫米，初化蛹呈乳白色，后变淡黄色，密生细毛，腹部末端有一对深褐色尾刺。

(2)危害情况

成虫专咬嫩果枝，造成幼栗苞大量落地。一般危害轻的减产约20%，严重的减产50%～90%。

(3)发生规律

剪枝象鼻虫1年发生1代，以老熟幼虫在土中越冬。5月上旬开始化蛹，5月中旬为化蛹盛期。羽化的成虫5月下旬开始出土，6月中旬出土最多，至7月中下旬在田间仍可见到少量的幼虫。6月中下旬为产卵盛期，卵于6月中下旬开始孵化，7月上中旬达孵化盛期。幼虫于8月开始脱果，9～10月为脱果盛期。幼虫脱果后入土越冬。成虫羽化后，破土室爬出地面上树活动，夜间静伏于树冠内隐蔽处。初以板栗、茅栗花序为食料，后转移到嫩栗苞上取食，经6～10天的补充营养，开始交尾，2～3天后产卵于栗苞中。成虫产卵时，先选一嫩果枝，在栗苞下端2厘米处，用口器把嫩果枝从上面剪断，下面仅留表皮，使嫩果枝悬挂空中，然后爬到栗苞上刻槽产卵。产卵后再爬回原来剪折处把果枝咬断，致使果枝坠落地面。每个栗苞中一般产卵1粒，产2粒者甚少。每头雌虫产卵30余粒，剪果枝30余枝。成虫飞翔能力不强，高温晴朗天气活动最盛，趋光性极差，有假死性。雄成虫寿命6～15天，平均10天，雌成虫寿命为10～20天，平均15天。卵在落地栗苞中孵化为幼虫后即在栗苞内取食，被食的栗苞内充满褐色细线状虫粪。幼虫经40天老熟，脱果后钻入土中1～3厘米深处做一土室，并在土室中越冬。气候长期干燥或栗苞受日光照晒之后，对苞内幼虫和卵的生长发育往往不利，甚至造成大量死亡。据调查，栗苞含水量在15%左右时，卵孵化率仅15%。栗苞处于干燥环境下连续半个月以上，幼虫死亡率可达80%以上。

138. 怎样防治剪枝象鼻虫?

剪枝象鼻虫的防治，应抓住幼虫入土及成虫出土的关键时期，清理虫苞，地面用药。

(1)清理虫苞

被成虫咬断的果枝，落地后明显易见，应于6～7月间逐园捡拾、清理虫苞3～4次。清理时要做到细致彻底，捡后集中烧毁，不可随便处理。

(2)深翻栗园

秋冬季节深翻栗园土壤，清除杂草，有利于栗树的生长发育，并使幼虫遭受旱、冻而死，减轻来年危害。

(3)药杀成虫

1)烟雾熏杀：6月中旬至7月上旬，即成虫羽化盛期，选微风或无风的早晨和傍晚，用“六二一”烟雾剂在栗园点燃放烟，连放3次，保果率可达90%以上。

2)喷洒亚胺硫磷：6月中下旬，用25%乳油稀释成500倍液或1000倍液，喷洒两遍，被害苞减少15%。或在成虫羽化初期和盛期，先后两次用75%辛硫磷1000倍或2000倍液，效果非常显著。

3)喷洒苏云金杆菌：在成虫期施用两次，栗苞被害率由31.9%下降为16.6%。

139. 栗实象鼻虫的形态特征、危害情况及发生规律怎样?

(1)形态特征

成虫　体长5~9毫米，宽2.6~3.7毫米，头管细长，前端向下弯曲；触角肘状，11节，生于头管两侧；全体密被黑色绒毛，前胸两侧具白色毛斑，两翅鞘各有11条纵沟；雌雄成虫异型，雌虫头管长度略等于雄虫的两倍，雌虫比雄虫体稍大，雌虫触角着生在近头管基部1/3处，雄虫触角着生于头管中央。

卵　长约0.8毫米，椭圆形，具短柄，初期白色透明，后期变为乳白色。

幼虫　乳白色，体长8~12毫米，头部黄褐色，或红褐色，口器黑褐色。身体乳白色或黄白色，多横皱褶，略弯曲，疏生短毛。

蛹　体长7~11.5毫米，初期为乳白色，以后逐渐变为黑色，羽化前呈灰黑色。喙管伸向腹部下方。

(2)危害情况

栗实象鼻虫是危害栗实最严重的害虫，在我国各主要板栗产区常猖獗发生，栗实象鼻虫主要危害栗实，我国栗产区每年约有20%~40%的栗实被害，严重地区可达90%以上，被害栗实失去食用价值或发芽能力，并引起发霉腐烂，不便贮运，成为板栗生产中的巨大灾害。

(3)发生规律

栗实象鼻虫在河南、浙江等地两年完成1代，各虫态出现期与板栗物候期有关。成虫7月出土产卵，9月幼虫孵化，10月、11月幼虫脱果，然后入土越冬，次年继续滞育土中，第3年6月化蛹。蛹将要羽化时，胸背、翅缘及足先由乳白色变为淡红色或黑褐色。成虫羽化后并不立即出土，仍在土室内不食不动，颜色由红变灰，再由灰变黑，体壁也逐渐硬化，经10~15天才能出土。在河南南部，成虫于7月下旬至9月上旬出土，出土盛期集中在8月上旬。由于成虫出土时需挖出土孔道，降雨能使土壤湿润疏松，故对成虫出土有利；反之，长期干旱无雨，往往使成虫不能出土或推迟出土期。成虫有补充营养的习性，出土不久即行昼夜取食，用口器咬破栗苞和果皮，取食子叶。成虫喜向上攀爬，亦可短距离飞翔，多在树冠上活动，一般以上午6：00～10：00和下午15：00～17：00最活跃。成虫虽然能飞善爬，但由于栗园食料充足，一般不作远途迁移。据观察，成虫出土后的寿命，雄虫为14～23天，平均17.8天，雌虫15～30天，平均21.2天。成虫还有假死性，受惊扰当即坠地装死，1～2分钟后恢复活动。成虫经一段补充营养后，才能交尾产卵。雌虫产卵前先用口器咬破栗苞，向栗实中钻孔，在子叶表面刻一条三角形或圆形的卵槽，深约2毫米，把卵产在槽内，也有少数卵产在果皮或苞皮中。一般1个卵槽内产卵1粒，1个栗实产卵1～2粒，最多可达5粒。卵期7～15天，平均11.8天，孵化率达93.4%，田间孵化期自9月初至10月上中旬，近1个半月。幼虫孵化后，沿内果皮取食子叶，随虫龄增大，虫道逐渐加宽加深，虫道内充满灰白色或褐色粉末状虫粪。栗实采收后，由于堆集在一起而增高了栗实的温度，食害更是加剧，严重者能听到沙沙的取食声。幼虫一生仅在1个栗实内取食，经13～27天(平均18.1天)达五、六龄时老熟。老熟幼虫在果皮上咬一圆形脱果孔，从中爬出。由于幼虫孵化期较长，也拉长了幼虫脱果期。在河南南部一带，幼虫自10月5日至11月27日脱果，历时54天，10月下旬为脱果盛期。此外，脱果早晚与温度有关，在高温情况下(如大批沤制、堆集或贮运)，幼虫发育快、脱果早。幼虫脱果后，就地入土，造1个长椭圆形土室，在土室内越冬。幼虫在土中最深可达26厘米，最浅0.5厘米，其中以4～12厘米最多。幼虫在土中的位置，在土室不被破坏的情况下，固定不变。蛹幼虫化蛹前，胴部第1～3节腹面形成3对突起，随后脱皮成蛹。该虫化蛹整齐，从开始化蛹至全部化蛹仅12天，蛹历期17～22天，平均19.3天。

140. 怎样防治栗实象鼻虫?

(1)集中消灭幼虫

包括以下三个主要环节：

1)及时采收成熟栗实。栗实成熟后，采收工作应力求做得及时彻底，以减少幼虫在林地脱果入土的数量。山区植被茂密，地形复杂，一般不易做到彻底采收，这正是山地栗林被害较重的主要原因。

2)集中沤制脱粒。大面积的栗园，每年都要处理几万乃至几十万千克的栗苞，最好根据栗苞数量建筑相应的水泥脱粒场，场四周边缘筑高20厘米挡堤，以免幼虫爬出。把采收的栗苞集中堆放在场地中央，高1米，栗苞堆上面和四周覆10厘米厚的草，每天洒水一、两遍，使栗苞充分沤制，经7～15天，栗苞软化开裂，然后用铁耙敲打栗苞，搂去苞皮，捡出栗实即可。通过这样的沤制过程，便使幼虫集中在脱粒场所。

3)消灭幼虫。由于幼虫集中在地面硬化的脱粒场上，又爬不出去，便很容易消灭。最好的办法是唤来鸡群，顷刻即可食净。这是一种花钱不多而且简便易行的方法，可使栗实象鼻虫大量消灭。在虫口密度大的栗园，于成虫出土期在地面喷洒5%辛硫磷粉剂，可有效消灭幼虫。

(2)热水浸种

用50～55℃热水浸种10分钟，可杀死栗实中各龄幼虫。栗实采收后，大部分幼虫处于二至四龄，取食轻微，及时进行热水浸种，便可制止继续危害。此法对于剪苞法脱粒及数量不大的栗实极为实用。为使水温维持在50～55℃，其水量应为栗实的2～3倍，并把水温调在60～65℃，再把栗实浸入热水中10分钟，然后捞出晾干即可。

(3)选育抗虫品种

选育推广栗实大、苞刺密及成熟早的抗虫品种，是预防该虫危害的根本方法，应引起重视。

(4)栗实熏蒸

栗实脱粒后，在密封条件下(如熏蒸室)，用化学熏蒸剂溴甲烷或二硫化碳处理一定的时间，能彻底杀死栗实内的害虫，这对大量出口的栗实尤为必要。溴甲烷每立方米用量2.5～3.5克，熏蒸24～48小时，二硫化碳每立方米用量30毫升，熏蒸20小时，杀虫率均达100%，并且对种子发芽力无不良影响。药剂防治在成虫发生期(7～8月)，往树上喷40%辛硫磷乳油1500倍液，或40%乐果乳油1000倍液，90%敌百虫晶体1000倍液，杀灭效果都很好。

141. 栗皮夜蛾的形态特征、危害情况及发生规律怎样?

栗皮夜蛾分布于河北、河南、山东等地，是危害板栗果实的主要害虫之一。除危害板栗外，还危害橡实和茅栗。近年来，河南南部板栗产区普遍发生，蔓延成灾，严重的可造成栗林绝产。

(1)形态特征

成虫　体淡灰黑色，长8～10毫米，翅展19～23毫米，前翅银灰色，基部灰黑色，亚基线为平行的黑色双线，较显著，内横线呈细波状纹，其内侧为灰白色的宽横带；中横线在后缘上方，向内曲折到近前缘处，与内横线相连；外横线在后缘上方向外曲折，并折向前缘中部；内横线与外横线之间为灰白色，近前缘处呈灰黑色半圆形大斑，外横线近后缘上方有一灰黑色椭圆形斑点，十分明显。后翅淡灰色。

卵　半球形，直径0.6～0.8毫米，顶端有圆形突起，向周围有放射状的隆起线。初产时乳白色，后变橘黄色，孵化前灰白色。幼虫老龄幼虫体长15毫米左右，青绿色，体背及两侧隐约可见3条灰色纵带，头部、前胸盾、背板深褐色，体节上有明显的褐色毛片，腹部各节背面4个毛片明显，排列呈梯形。

蛹　长10毫米左右，白色，后褐色渐变黑，蛹体粗短，体节间带白粉。老熟幼虫吐丝结茧化蛹，紧固密封，纺锤形，茧长13毫米左右。

(2)危害情况

栗皮夜蛾以幼虫取食苞刺、苞皮，三龄后蛀入栗实内取食，将粪便排于蛀入孔附近的丝网上，被害栗苞苞刺变黄干枯。幼虫有转果危害的习性，危害2~5个栗苞，栗苞被害后，顶端呈放射状开裂，露出栗实，粪粒和丝堆黏在苞上，极易识别。

(3)发生规律

在板栗产区，栗皮夜蛾1年发生3代。以蛹在落地栗苞刺束间的茧内越冬。翌年5月上旬成虫开始羽化，5月中下旬出现第一代卵，5月下旬幼虫开始孵化，6月上旬为孵化盛期，6月中下旬达危害盛期，6月下旬开始化蛹，7月中旬为化蛹盛期。7月上旬开始羽化成虫并出现第2代卵，7月下旬达产卵盛期，7月中旬幼虫开始孵化，7月下旬至8月上旬达危害盛期，8月中旬化蛹，8月下旬为化蛹盛期。9月上旬为成虫羽化盛期，并见第3代幼虫，10月中旬至11月中旬陆续结茧化蛹越冬。栗皮夜蛾在山东临沂地区一年2代。成虫多在傍晚19：00~22：00活动。有趋光性。雌蛾寿命4~6天，雄蛾3~5天。第1代卵产于栗苞刺束间。第2代卵多产于栗苞苞刺上端或橡实苞刺上，幼虫孵化后先啃食苞刺，然后蛀食苞皮。栗皮夜蛾的发生与气候、立地条件、寄主的分布及天敌的多少具有密切的关系。特别干旱的气候对成虫羽化极为不利，山下部、山中部的板栗比山上部的板栗受害重；纯栗林比混交林、散生树受害重；浅山栗树比高山栗树受害重；矮冠栗树比高冠栗树受害重；树冠中下部比上部受害重。栗皮夜蛾的天敌有蜘蛛、蚂蚁等，天敌多时可大大降低虫群密度。

142. 怎样防治栗皮夜蛾?

(1)喷药防治

抓住第1代和第2代幼虫在3龄以前尚未进入栗苞内危害的特性，用“七二一六”菌药1100倍液，进行高射喷雾，重点喷栗树的中下部栗苞。根据虫情测报，第一代防治时间在6月2~4日、6月10~12日，第二代防治时间在7月25~27日，8月3~5日，各喷一次，只要喷药认真、细致，效果十分显著。例如，河南省新县在大面积防治中，通过菌药防治，将32.9%~40.2%的栗苞被害率压低到3.1%~4.3%。也可喷洒40%乐果乳剂1500倍液或90%敌百虫1000倍液等高效低毒农药，每亩喷洒药液200升，杀虫效果良好。

(2)人工防治

根据栗皮夜蛾危害栗苞落地的特点，每年9月上旬，组织人力彻底捡净落地虫苞，集中烧掉，减少越冬虫源。同时清除栗园内的枯枝落叶，砍除栗园周围的橡树丛，以减少寄主。

143. 栗子小卷蛾的形态特征、危害情况及发生规律怎样?

栗子小卷蛾又名橡实卷叶蛾、栗实蛾，分布于东北、华北、西北、华东等栗树产区。在辽东地区发生严重，江苏南京、宜兴等地也有发生。

(1)形态特征

成虫　翅展12~22毫米，前翅灰褐色，后翅灰色，前翅有两条蓝色光泽的线纹，外缘有黄灰色斑，斑的内缘黑色。

卵　椭圆形，灰白色或黄白色，长0.5毫米左右。

幼虫　体长12~15毫米，灰白色，偶为黄色或淡红色，头部暗黄褐色，体节上的毛片色深而稍突起，体被白色细毛，愈向体末毛愈长。

蛹　长约10毫米，腹节背面具有两排刺突，前排稍大于后排，赤褐色。茧白色，纺锤形，稍扁，以丝缀枯叶而成。

(2)危害情况

幼虫危害栗、栎、核桃、榛、山毛榛等树种的果实，有时咬伤果柄切断维管束，使栗苞未成熟而脱落，受害严重的栗园，栗实被害率达30%~40%，严重影响板栗的产量和质量。

(3)发生规律

该虫1年发生1代，以老熟幼虫在栗苞或落叶层中结茧越冬。在东北丹东地区，第2年6月化蛹，成虫于7月上旬出现，7月上中旬为羽化盛期，卵产于栗苞上，7月中旬为产卵盛期，7月下旬幼虫孵化，先危害栗苞，9月上旬大量蛀入栗实危害，被害果外常有白色和褐色颗粒状的虫粪堆积，并有丝缀合。幼虫期45~60天，9月下旬至10月上中旬栗实成熟落地，老熟幼虫在栗实上咬一卵形孔钻出，潜入落叶层内、树皮缝、浅土层、石块间或栗苞上做茧越冬。

144. 怎样防治栗子小卷蛾?

(1)人工防治

首先清洁栗园，在板栗落叶后清扫栗园，堆烧栗园内的地被物，消灭越冬幼虫。在堆栗场铺上塑料布，待栗实取走后收集幼虫集中消灭。

(2)药剂防治

7月下旬至8月中旬幼虫尚未蛀入栗实内之前，细致地向栗苞喷洒25%亚胺硫磷乳剂1000倍液，或50%杀螟松乳油1000倍液。

(3)生物防治

利用其天敌赤眼蜂防治栗实蛾可取得良好效果。在成虫产卵期放赤眼蜂，每亩设7~10个放蜂点，放蜂量约30万头。

145. 大袋蛾的形态特征、危害情况及发生规律怎样?

该虫又名大蓑蛾、避债蛾，俗称布袋虫、吊死鬼、背包虫等。分布于河南、山东、安徽、江苏、浙江、江西、湖北、湖南、四川、云南、广东、福建及台湾等地。

(1)形态特征

成虫　雌雄异型。雌成虫无翅，乳白色，肥胖呈蛆状，头小，黑色，圆形，触角退化为短刺状，棕褐色，口器退化，胸足短小，腹部 8 节，均有黄色硬皮板，节间生黄色鳞状细毛。雄虫有翅，翅展 26～33 毫米，体黑褐色，触角羽状，前、后翅均有褐色鳞毛，前翅有 4～5 个透明斑。

卵　椭圆形，淡黄色。

幼虫　雌幼虫较肥大，黑褐色，胸足发达，胸背板角质，污白色，中部有两条明显的棕色斑纹，雄幼虫较瘦小，色较淡，呈黄褐色。

蛹　雌蛹黑褐色，体长 22～33 毫米，无触角及翅；雄蛹黄褐色，体细长，17～20 毫米，前翅、触角、口器均很明显。

(2)危害情况

食性甚杂，幼虫除危害栗叶外，还危害悬铃木、枫杨、泡桐、刺槐、杨、柳、榆、栎、油桐、油茶、茶、梨、桃、李、杏、梅、枇杷、葡萄等多种树木；食性烈，常将树叶全部吃光，不少地区暴发成灾。

(3)发生规律

在河南、江苏、浙江、安徽、江西、湖北等地 1 年发生 1 代，南京和南昌极少数发生 2 代，广州发生 2 代。以老熟幼虫在袋囊中挂在树枝梢上越冬。在郑州地区，翌年 4 月中下旬幼虫恢复活动，但不取食。雄虫 5 月中旬开始化蛹，雌虫 5 月下旬开始化蛹，雄成虫和雌成虫分别于 5 月下旬及 6 月上旬羽化，并开始交尾产卵。6 月中旬幼虫开始孵化，6 月下旬至 7 月上旬为孵化盛期，8 月上中旬食害剧烈，9 月上旬幼虫开始老熟越冬。成虫羽化一般在傍晚前后，雄蛾在黄昏时刻比较活跃，有趋光性，以夜间 20：00～21：00 诱到的雄蛾最多，约占全夜诱获量的 80%。雌虫终生栖息于袋囊中，雄成虫从雌虫袋囊下端孔口伸入交尾器进行交配。雌虫产卵于袋囊中，每一雌虫可产卵 2000～3000 粒，最多可达 5000 余粒。初孵幼虫自袋囊中爬出，群集于周围叶片上，后吐丝下垂，顺风传布蔓延，4 级风可顺风飘落 500 米以外。以丝撮叶或少量枝梗营造囊护体，幼虫隐匿囊中，袋囊随虫龄不断增大，取食迁移时均负囊活动，故有袋蛾和避债蛾之称。三龄后，食叶穿孔或仅留叶脉。幼虫昼夜取食，以夜晚食害最凶，严重时可听到沙沙的食叶声。在安徽合肥各虫态历期：卵期 17～22 天，幼虫期 210～240 天，雌蛹期 12 天，雄蛹期 24～33 天，成虫寿命雌 12～19 天，雄 2～3 天。在江西南昌，卵期平均 21.5 天，幼虫期雌 320 天，雄 300 天；蛹期雌 17 天，雄 40.7 天，成虫寿命雌 14 天，雄 4.7 天。该虫一般在干旱年份最易猖獗成灾，6～8 月总降水量在300毫米以下时，将会大量发生，在500毫米以上时发生少，不易成灾。主要是降雨后空气湿度大，影响幼虫的孵化并易引起罹病死亡。在其善食的二球悬铃木、泡桐等四旁林木及苗圃、栗园、茶园内常危害猖獗。

146. 怎样防治大袋蛾?

(1)人工防治

冬季或早春摘除袋囊。

(2)化学防治

采用90%敌百虫1000~2000倍液防治1~3龄幼虫，500~800倍液防治4~5龄幼虫，杀虫率可达90%~100%。采用50%马拉松乳剂1000倍液，或50%辛硫磷800倍液，或敌敌畏800倍液，也有良好的效果。喷药时期宜在幼虫孵化盛期或幼虫初龄阶段，虫龄愈大不但抗药性愈强，并有绝食迁移避药的习性。

(3)生物防治

在郑州于7月30日喷洒0.2%苏云金杆菌液，72小时幼虫死亡率达100%，室内试验，用马铃薯固体培养基培养的白僵菌，接种于老熟幼虫体上，罹病死亡率达100%，上海市采用青虫菌1000倍液防治树木上的袋蛾，喷药7天后，幼虫死亡率达90%以上。目前发现茶袋蛾的天敌有桑蟥聚瘤姬蜂、袋蛾瘤姬蜂、大腿小蜂、黑点瘤姬蜂、脊腿姬蜂、小蜂及寄生蝇、线虫和细菌等，施药时应注意保护天敌。

147. 黄刺蛾的形态特征、危害情况及发生规律怎样?

黄刺蛾又名洋辣子、八角、刺毛虫等，分布很广，全国各地几乎都有发生，是杂食性害虫。危害板栗的刺蛾除了黄刺蛾外，还有褐刺蛾、青刺蛾和扁刺蛾等。

(1)形态特征

成虫　体长13~16毫米，翅展30~34毫米，全体基本为黄色，前翅内半部黄色，外半部为褐色，有两条暗褐色斜线，在翅尖上汇合于一点，呈倒“V”字形，内面一条伸到中室下角，为黄色和褐色的分界线。

卵　扁椭圆形，黄白色，长1.4毫米，宽约0.9毫米。

幼虫　体长25毫米左右，黄绿色，体背有一大型前后宽、中间细的紫褐色斑，并有许多突起枝刺，具毒，皮肤触及后引起剧烈疼痛和奇痒。

蛹　椭圆形，长约12毫米，黄褐色。茧灰白色，长11.5~14.5毫米，质地坚硬，表面光滑，茧壳上有几道褐色长短不一的纵纹，形似雀蛋。

(2)危害情况

幼虫除取食板栗叶片外，还危害枣、桃、乌桕、油桐、茶、二球悬铃木、柳、枫杨、刺槐、柿等各种树木。

(3) 发生规律

长江流域1年发生2代，以老熟幼虫在树枝上、分杈处或树干粗皮上结茧越冬，在1年发生1代地区，翌年5~6月化蛹，成虫于6月中旬出现，夜间活动，有趋光性，产卵于叶背，散产或数粒、数十粒连产一片，每只雌蛾产卵量为49~67粒，成虫寿命4~7天，卵期约7~10天，幼虫于7月中旬至8月下旬发生，初孵幼虫取食卵壳，然后群集叶背啃食下表皮及叶肉，呈圆形透明小孔，长大后分散危害，常将叶片吃光，仅残留叶柄。1年发生2代者，越冬代成虫于5月下旬至6月上旬开始出现，第1代幼虫危害盛期在7月上旬，第2代幼虫危害盛期在8月上中旬，至8月下旬幼虫老熟，在树上结茧越冬。

148. 怎样防治黄刺蛾?

(1) 剪除虫茧

冬季结合清栗园修剪，剪除虫茧。

(2) 喷药防治

幼虫孵化盛期喷洒90%敌百虫1500~2000倍液，或50%敌敌畏1000倍液，均有良好的防治效果。

(3) 保护天敌

茧期天敌有上海青蜂、黑小蜂及一种姬蜂，成虫期天敌有螳螂，幼虫期有病菌感染。上海青蜂的寄生率很高，防治效果显著。江苏清江市曾采用人工采摘越冬茧，并将上海青蜂寄生茧挑选出来，保存在树荫处铁纱笼中，待青蜂羽化时，释放回田间，结果黄刺蛾越冬茧的寄生率逐年提高，第一年的寄生率为26%，第二年为64%，第三年高达96%，收到良好的防治效果。

149. 重阳木斑蛾的形态特征、危害情况及发生规律怎样?

重阳木斑蛾又叫重阳木星毛虫，分布于华中、西南和河南南部，危害重阳木和板栗。

(1) 形态特征

成虫　体长17~24毫米，翅展55~65毫米，头小，红色，触角黑色。前后翅都很长，黑色，中胸背板黑褐色，后缘有红色斑点2个，足灰黄色，腹部红色，每体节具蓝黑斑点5个，背面1个，两侧面各2个。

卵　椭圆形，淡黄色，长0.7~0.8毫米。

幼虫　体肥扁，老熟幼虫体长30毫米左右，头小，黑褐色，常缩于前胸内，胴部背面红棕色，腹面黄色，背面与侧面有突出的毛疣6行，腹部第一节无毛疣，第2、3节各有毛疣10个，最后1节4个，其余各节平均有6个，每疣上着生刚毛5根，褐色，体背被细小短毛。

蛹　长11~14毫米，宽5毫米，赤褐色，裸蛹。

(2)危害情况

幼虫食叶危害，被害严重的苗木和幼树，能引起全株死亡，大树虽然不致枯死，但生长受到很大影响。

(3)发生规律

在湖北武昌一年发生4代，以老熟幼虫在茧内越冬。成虫喜在阳光下的树冠上飞舞。卵多产于小枝上，或树缝中、小枝分叉处，常2~3粒黏结在一起。初孵幼虫啃食嫩叶肉，留下叶脉，3龄以后能将叶片吃光而仅留中脉，以老龄幼虫食害最凶。树叶吃光后，爬下或吐丝下垂迁移，发生多时，常一树垂下千丝万缕状。幼虫分泌物带臭味，幼虫老熟后，在树上卷叶做薄茧化蛹。越冬代幼虫多在树洞、岩石下等避风雪处越冬。

150. 怎样防治重阳木斑蛾?

(1)人工防治

在冬季至早春，成虫羽化前堵树洞，刮树皮，清除枯枝落叶，消灭越冬幼虫。

(2)药剂防治

在第一代幼虫孵化盛期，喷洒2.5%溴氰菊酯乳油或20%速灭杀丁乳油2500~3000倍液，50%杀螟松乳油1000倍液，50辛硫磷乳油2000倍液，均可收到较好防治效果。

151. 云斑天牛的形态特征、危害情况及发生规律怎样?

云斑天牛又名白条天牛、核桃大天牛，分布很广，我国湖北、湖南、安徽、江苏、江西、浙江、四川、云南、福建、广东、广西及台湾等地均有发生。

(1)形态特征

成虫　体长32~65毫米，黑色或黑褐色，密被灰色绒毛，头中央有一纵沟，前胸背板具肾形白斑一对，两侧各有一刺突，翅鞘上有2~3行白色绒毛组成的白斑，白斑因个体不同变化很大，有的翅前端有许多小圆斑，有的斑点扩大，呈云片状，翅基有许多明显的颗粒状突起，头、胸、腹两侧各有一条白带。

卵　长8毫米，长椭圆形，略扁弯，淡黄色，卵面坚硬光滑。

幼虫　体长70~80毫米，乳白色或淡黄色，前胸背板上有一“山”字形褐斑，褐斑前方近中线处有两个黄色小点，点上各生刚毛1根。

蛹　长40~70毫米，乳白色至淡黄色。

(2)危害情况

危害板栗、核桃、油桐、乌桕、枇杷、山核桃、桑树、榆、柳、泡桐、女贞等多种经济林木，是我国重要的树木害虫，成虫啃食新枝嫩皮，致使枝条枯死，幼虫钻入木质部蛀食，造成树势衰弱，果品质量下降，严重时树干被蛀空全株死亡，幼树常被风吹折。

(3)发生规律

2年发生1代，以成虫和幼虫在树干上越冬。陕西、河南等地，成虫于5月下旬开始钻出，取食树叶、嫩枝，食害30～40天，开始交配、产卵，成虫昼夜均能飞翔活动，但以夜晚活动最多。成虫寿命最长可达3个月，卵多产在距地面2米以内的树干上，产卵时先在树皮上咬成圆形或椭圆形产卵槽，然后在槽中产卵1粒，一株树最多时可产卵10余粒，每雌虫产卵量20粒左右，卵经9～15天孵化，幼虫孵化后，先在皮层下蛀成三角形蛀孔，从蛀入孔排出大量的粪屑，树皮逐渐外胀纵裂，被害状极为明显。幼虫在边材危害一个时期，随后蛀入心材，在虫道内过冬。来年8月在虫道顶端做蛹室化蛹，9月羽化为成虫，在树干内过冬，第3年5月咬一圆孔钻出树干。

152. 怎样防治云斑天牛？

(1)人工防治

每年5～7月成虫发生期，可以人工直接捕杀成虫。寻找云斑天牛在树干上的产卵痕用锤敲击可杀死卵和小幼虫。

(2)喷药防治

清除云斑天牛虫孔粪屑，注入50%敌敌畏乳油100倍液，用湿泥封口，以杀死树干内的幼虫，或用棉球蘸50%杀螟松乳剂40倍液，塞入虫孔，泥土封闭蛀孔，熏杀幼虫。

(3)保护天敌

招引和保护啄木鸟，一只啄木鸟一天能吃50只左右天牛，大面积云斑天牛暴发时采用该办法效果较好。

153. 栗绛蚧的形态特征、危害情况及发生规律怎样？

栗绛蚧又名板栗球坚蚧。分布在我国及日本。在国内，长江下游发生极多。受该虫危害，引起板栗树大量死亡。

(1)形态特征

成虫　雌雄异型，雌介壳球形，直径5.0～6.8毫米，初期为嫩绿色至黄绿色，体壁软而脆，腹末有一个小水珠，称为“吊珠”。随着虫体的长大，体色加深，体背隆起，体表光滑，其上有黑褐色不规则的圆形或椭圆形斑，每斑中央有一个凹陷的小刻点，腿部末端有一个大而明显的圆形黑斑。雄成虫有一对翅，体长约1.49毫米，翅展约3.09毫米，棕褐色。单眼3对，在头顶排成倒“八”字形。

卵　长椭圆形，长约0.2毫米，初期乳白色或无色透明，孵化前变为紫红色。

若虫　初孵若虫长椭圆形，体长 0.3 毫米，淡黄色，触角丝状，尾毛一对，两尾间有 4 根臀刺。1 龄若虫体呈黄棕色。2 龄若虫体呈椭圆形，体长 0.54 毫米，肉红色，体背常黏附有 1 龄若虫的虫蜕。

蛹　仅雄虫有蛹。离蛹，长椭圆形，黄褐色。

茧　扁椭圆形，长约 1.65 毫米，白色丝质。

(2) 危害情况

被害树一枝条上球蚧多者可达几十个，而在枝叉或芽附近常 4 ~ 8 个集生一处。在湖南湘潭、长沙等地栗林常有发生。以若虫和雌成虫群集在枝条上刺吸汁液。被害枝易干枯死亡，导致树体衰弱，生长结实不良，栗实减产。

(3) 发生规律

每年发生 1 代，以雌虫在枝干上越冬，翌年 3 月上旬当日平均温度达 10℃时，越冬若虫开始活动并取食，3 月中旬以后雌雄分化，4 月上中旬介壳膨大，老熟时硬固。雄成虫 4 月上旬开始羽化，4 月下旬为羽化盛期，雄成虫羽化后即行交尾，寿命约 2.5 天。交尾后雌虫产卵于介壳内，开始孕卵，5 月中旬孵化，5 月下旬孵化盛期，初孵若虫从母体爬出介壳，在树上爬行分散，以 2 ~ 3 年生枝条上的虫量最多，经 2 ~ 3 天后，若虫固定下来寄生吸食危害。从 6 月中旬开始，1 龄若虫蜕皮变为 2 龄，取食一段时间后开始越夏、越冬。在田间，老栗树受害较重，树冠下部的枝条和徒长枝上的虫口密度比其他部位枝条上大。栗绛蚧的天敌有黑缘红瓢虫、两种寄生蜂（小蜂）和芽枝状芽孢霉菌，这些天敌对栗绛蚧的发生有明显的抑制作用。

154. 怎样防治栗绛蚧？

(1) 人工防治

每年 4 月，当虫体膨大明显可见时，组织人工刮除枝上雌介壳，用旧抹布或戴上帆布手套捋虫枝，消灭虫体，效果极佳。

(2) 喷药防治

5 月中旬若虫孵化时，喷洒 2.5% 溴氰菊酯乳油 3000 倍液、20% 杀灭菊酯乳油 3000 倍液喷或 50% 辛硫磷乳油 1000 倍液，也可喷洒 0.3 波美度的石硫合剂。

(3) 涂药防治

用利刀在树干两侧各刮除一块树皮，露出韧皮部，用棉布或卫生纸浸蘸 40% 乐果乳油，贴在刮皮部，外面用塑料膜包扎即可。

155. 蚱蝉的形态特征、危害情况及发生规律怎样？

蚱蝉又名黑蝉，俗称知了，危害板栗、苹果、梨、桃、杏、柳等多种林木及果树，分布于全国各地。

(1) 形态特征

成虫　黑色，有光泽，体长 44 ~ 48 毫米，翅展 125 毫米，被金色微毛，头部中央及颊的上方有红黄色斑纹，中胸背颇大，突起，并具有“X”形隆起。前、后翅透明，翅脉暗黑色或淡黄褐色。雄虫鸣声尖噪，鸣器位于腹部第一、二节。雌虫无鸣器，腹末有明显的产卵器。

卵　长约2.5毫米，细长，一端稍尖，乳白色，有光泽。

若虫　老龄若虫体长35毫米，黄褐色，形状似成虫，仅具翅芽，能爬行。

(2)危害情况

成虫在枝条内产卵，造成枯梢。

(3)发生规律

十余年完成1代。若虫长期生活在土中，每年春暖时移向地面，吸食树根液汁，秋凉后下蛰，老熟时于6月陆续出土，爬上树干，不食不动，约数小时后蜕皮羽化为成虫。7月上旬大量羽化，特别是在雨后出土最多。成虫寿命60~70天，7月中下旬开始产卵，8月上旬为产卵盛期。卵产于1年生嫩枝内，产卵时先用产卵器把小枝刺成裂口，卵产在斜线形裂口内，数粒连产，一枝上多达100余粒。枝梢被刺伤后，失水而枯死，在栗园形成大量枯梢。卵在枝梢内过冬，来年6月若虫孵化后落地，钻入土中。

156. 怎样防治蚱蝉?

(1)冬季剪除产卵枯梢

冬季结合修剪，再彻底剪除产卵枝，集中烧毁。

(2)捕捉若虫

成虫羽化前，在树干绑1条2寸宽的塑料薄膜带，防止若虫上树羽化，傍晚或清晨进行捕捉。

(3)火光诱杀

夜间在树行点火，摇动枝干，诱集成虫投火烧死。

第十章　花桥板栗常见病害

157. 板栗干枯病的症状、危害情况及发病规律怎样？

板栗干枯病又名栗疫病、栗胴枯病，为世界性栗树病害。由于美洲栗和欧洲栗极不抗病，因此20世纪初期，该病在欧美各国广为流行，几乎毁灭了所有的栗林，造成巨大损失。我国板栗被世界公认为是高度抗病的树种。

(1)症状

该病危害苗木和大树的主干和枝条。发病初期树皮上出现圆形或不规则的褐色病斑，以后病斑不断增大，可侵染树干一周，并上下扩展。病斑呈水肿状隆起，干燥后树皮纵裂。春季在受害树皮上可见许多橙黄色疣状子座，直径1～3毫米，雨天潮湿时，从子座内排出黄色卷须状的分生孢子角，秋后，子座变为橘红色，内部形成子囊壳。病皮下和木质部之间，常生有白色羽毛状扇形菌丝层，后变为黄褐色。

(2)危害情况

近年来板栗干枯病在四川、重庆、浙江、广东、河南等地均有发生，部分地区已造成严重危害，是目前板栗生产中值得注意的动向。被害栗树轻则局部树干感染，树势衰弱，重则树干溃烂，造成死亡。

(3)发病规律

病菌以子座和扇状丝层在病皮内越冬，分生孢子和子囊孢子均能侵染，分生孢子于5月开始释放，借雨水、昆虫、鸟类传播，从伤口侵入，子囊孢子于12月上旬成熟释放，借风传播，也从伤口侵入寄主。新病斑始现于3月底或4月初，扩展很快，至10月底逐渐停止。该病菌为弱寄生菌。栗园荒废、管理不善，过度修枝，人畜破坏，都会引起树势衰退而诱发此病。病菌可随苗木传到外地，还能潜伏到栎树上危害，以后再转移到栗树上。

158. 怎样防治板栗干枯病？

(1)增强树势

加强栗园管理，适时施肥、灌水、中耕、除草，以增强树势，提高抗病力，并及时防治蛀干害虫，严防人畜损伤，减少伤口侵染。

(2)清除病部

及时剪除病死枝，对病皮、病枝，应带出栗园，彻底烧毁，防止病菌在园内飞散传播。

(3)刮除病斑

刮除主干和大枝上的病斑，深达木质部，涂40%腐烂敌或843康复剂原液，或涂400～500倍“402抗菌剂”，并涂波尔多液作为保护剂。

(4)严格检疫

禁止病区的苗木、接穗运往无病区，可阻止有毒菌系的侵染，这也是防治板栗干枯病的重要途径。

159. 板栗白粉病的症状、危害情况及发病规律怎样?

该病在河南、贵州、广西、安徽、江苏、浙江等地均有发生。

(1)症状

危害叶片、新梢和幼芽，在叶片上先出现黄斑，随后出现大量的白色粉状物，即分生孢子。受害的嫩枝常发生扭曲，嫩梢被害处亦生有白粉，影响木质化，易遭冻害。到秋季，在白粉层中形成许多黑色小颗粒状的闭囊壳。

(2)危害情况

主要危害板栗、茅栗、栎类等树种，尤以苗木、幼树受害较重，被害嫩梢和叶片发黄或枯焦，影响生长，严重时可引起幼苗死亡。

(3)发病规律

病菌以闭囊壳在病叶或病梢上越冬，翌年4、5月间放出子囊孢子，侵染新梢嫩叶。在整个生长季节，随着新梢的生长，病菌连续产生分生孢子，多次侵染危害。温暖而干燥的气候条件有利于白粉病的发展，南方梅雨季节抑制侵染。发病以1～2年生苗木最重，10年生以上的大树发病较少。苗圃潮湿、过密的情况下，幼嫩新梢发病较重，幼树根蘖、食叶害虫危害后新萌发的嫩叶及较嫩的徒长枝都是容易发病的部位。

160. 怎样防治板栗白粉病?

(1)清理栗园

冬季清除落叶、病枝和萌芽条，集中烧毁，以减少越冬病原。

(2)增强抗病力

合理施肥、灌溉，注意肥料三要素的适当配合，多施钾肥及硼、硅、铜、锰等微量元素，控制氮肥用量，避免徒长。宜采用高床育苗，以利排水，妥善掌握播种量，避免苗木过密，以增强其抗病能力。

(3)喷药防治

发病期喷0.2～0.3波美度石硫合剂或硫磺粉，也可喷50%可湿性退菌特1000倍液，或1∶1∶200的波尔多液，或使用灭菌丹、敌克松等药剂，均有良好效果。

161. 板栗叶斑病的症状、危害情况及发病规律怎样?

又名轮纹叶斑病、轮纹褐斑病、黄斑病等。发生在辽宁、河南等板栗产区，危害板栗、槲树的叶片。

(1) 症状

发病初期，在叶脉之间、叶缘及叶尖处形成近圆形或不规则的黄褐色病斑，直径0.4～2.0厘米，边缘色深，外围叶组织退色，形成黄褐色晕圈。随着病斑的扩大，叶面病斑内陆续出现小黑粒体，即病原菌的分生孢子盘和分生孢子。发病后期，小黑粒体增多并密集相连，排列呈同心轮纹状。病斑枯死后，常混生其他腐生性真菌。

(2) 危害情况

在叶片上形成枯死的病斑，严重时造成早期落叶，影响栗树的正常生长，对苗木和幼树危害较大。

(3) 发病规律

以分生孢子盘或分生孢子在落叶病斑上越冬，为次年初次侵染的病菌来源，多发生在秋季。

162. 怎样防治板栗叶斑病?

(1) 消灭越冬病原

清除落叶，烧毁病枝，消灭越冬病原。

(2) 提高抗病力

改善栗园通风、透光条件，加强抚育管理，提高栗树的抗病力。

(3) 喷药防治

发病期前向叶面喷洒1:1:120～160的波尔多液，进行预防，或在栗树发芽前喷洒2～3波美度石硫合剂或5%的硫酸铜防治。

163. 白纹羽病的症状、危害情况及发病规律怎样?

白纹羽病是树木常见的病害，能危害板栗、栎、榆、槭、冷杉、落叶松、桑、茶、苹果等多种林木和果树，在农作物上也常有发生。该病分布在辽宁、河北、山东、浙江、江西、云南和海南等地。

(1) 症状

发生在根部，须根全部腐烂，根的表面布满密集交织的菌丝体，菌丝体中具有纤细的羽纹状白色菌索。病根皮层极易剥落，皮层内有时见到黑色细小的菌核。病株叶片发黄、早落，枝条枯萎，最后整株死亡。

(2) 危害情况

危害苗木和成年树，能引起枯萎死亡，对苗木的危害更大。

(3) 发病规律

病原以病腐根上的菌核或菌丝体在土壤中潜伏，接触根部而侵染。由带菌苗木向外处传播。一般在低洼潮湿、排水不良的地方及高温季节发病严重。

164. 怎样防治白纹羽病?

(1) 控制肥水

苗圃地应注意排水，避免过多施用氮肥。发病严重的苗圃地，应休闲或改种禾本科作物，5~6 年后再进行育苗。

(2) 严格检疫

严格检查引进的苗木，选择健壮无病的苗木进行栽植，发现病株，立即挖出烧毁，并用20%石灰水灌注周围土壤，所用工具也要用0.1%升汞水进行消毒。

(3) 苗木消毒

用20%石灰水或1%硫酸铜溶液浸根1小时进行消毒，然后再栽植苗木。

165. 栗实霉烂病的症状、危害情况及发病规律怎样?

栗实霉烂病是由保管贮运过程不当而引起的一种烂果病。

(1) 症状

发病的种实内外，特别是子叶部分，长有绿色、黑色或粉红色等霉状物，种仁变褐腐烂或僵化，具有苦味和霉酸味。

(2) 危害情况

栗实采收后，在贮藏或运输过程中，常有大批发霉腐烂，造成很大损失。

(3) 发病规律

各种霉菌孢子广泛散布于空气、土壤中及种实表面，栗实和这些病菌接触的机会很多，病菌由伤口侵入，特别是果实有虫蛀或在采收、脱粒、贮运过程中所造成的伤口有利于病菌的侵入。贮藏的栗实若含水量过高或堆积受潮，贮藏温度过高或通气不良时，均容易引起霉烂。

166. 怎样防治栗实霉烂病?

(1) 选择无伤栗实

栗实采收、脱粒及贮藏时应尽量避免创伤，并采取综合措施防治蛀果害虫。

(2) 注意贮藏条件

贮存前剔除损伤、虫蛀果实，贮存库应保持低温、通风和清洁卫生。种子库在使用前，用甲醛或硫磺密封熏蒸消毒，以减少病菌。

(3) 种子消毒

作种子用的栗实，沙藏催芽时最好先用0.3%高锰酸钾液消毒20~30分钟，用清水冲洗后再混沙。沙也应首先用40%甲醛1∶10倍液喷洒消毒30分钟，待药味散失后再使用。

(4) 气调贮藏

利用气态或液态氮贮藏栗实，是一种新的简便而经济的贮存方法，既能保持其生机，又不会发生霉烂。

第十一章　花桥板栗的果实采收与贮藏

167. 花桥板栗成熟标准如何?

据湖南省林业科学院最新研究成果，栗苞最佳采收成熟度的表现特征为：栗苞由绿转黄，刺束先端枯焦，苞肉缝合线露出白色纵痕，坚果呈红褐色，组织充实，中果皮已木质化，苞肉的含水量降至75%。花桥板栗的成熟特征为：果苞呈棕黄色，自然开裂，栗实呈棕红色或棕褐色，并自然落地，坚果表面有光泽。花桥板栗最佳采收时间是8月25日到9月15日。花桥板栗在未成熟时可以部分提前采收，做菜用栗销售。充分成熟的花桥板栗果实，其各种品质都优于未成熟的果实。成熟度高的花桥板栗果实较耐贮藏，具有较强的抵抗各种不利环境因素的能力，如适应温度变幅较大，抵御病菌侵染的能力较强等。

168. 花桥板栗果实采收应注意哪些问题?

花桥板栗果实必须在生理成熟、能表现出本品种固有的品质特征(色泽、香味、风味和口感等)时采收。雨天和雨后或露水未干的早晨及中午太阳直射高温时，不宜采摘。

169. 板栗的采收主要有哪些方法?

生产中常用的采收方法主要有打栗苞和拾栗法两种。

(1)打栗苞

即用竹竿将栗苞从树上直接打下来的方法。首先将树上已开裂或栗苞颜色已变黄的栗苞打下来，再拣起栗苞集中堆放，数天后待栗苞全部开裂时取出栗果。打栗苞要严格掌握采收时期，适时采收。采收过早，影响栗实产量和品质；采收过晚，栗苞开裂，坚果脱落，易遭鼠兽危害。打栗苞要根据栗苞成熟情况，分期进行。一种方法是在栗苞有1/3转黄，栗苞略呈开裂，此时栗苞与果枝之间大多已形成分离层，采取一次性全树打净，此法采收期集中，速度快。该法缺点是有一部分栗果尚未成熟，影响质量，而且容易打断一些果枝、叶片，影响当年树体营养的积存和第二年的产量。另一种方法是分期打栗苞，即把已变黄色的栗苞先打落，青苞等转变成黄色后再打落，一般的做法是每隔2~3天打一次栗苞。这种方法比一次性打落法的效果好一些，栗果成熟度基本一致，栗果外表稍美观。同时也可提早2~3天上市销售，具有一定的价格优势。这种方法采收实符合栗实坐果及成熟特性，比一次性采收栗实成熟度高。打栗苞法虽然节省了时间和用工量，但最突出的缺点是有60%~70%的栗果没有达到充分成熟，产量受到损失，一般会减产20%以上，其次是栗果质量很差，风味下降，不耐贮运。为了保证既采收成熟栗子，又要减少丢失和风干，另一合理的方法是将打苞法和拣拾法结合起来。在栗子开始成熟时拣拾栗子，到树上栗苞全部成熟后，再一次打净。

(2)拾栗法

为了保证板栗采收时达到充分成熟，应该提倡拾栗法。栗果在栗苞上达到充分成熟时，就会从栗苞中自由脱落，这时应每天早晚拾取落果。自由落地的栗果籽粒饱满，品质优良，适于贮藏和运输。采用拾栗法，可提高产量10%～15%，而且栗果的外观和风味良好。这种采收方法的不足之处是费工，采收持续时间长，不便管理和销售。生产中，拾栗法常与打栗苞法配合使用，即采收前2～3天有部分栗实脱落时用拾栗法，当50%栗苞开裂时一次性采收或分批采收。

170. 脱粒有哪些技术要点?

采收后的栗苞，已经开裂的可及时脱粒，对未开裂的栗蓬，应选择地势较高、冷凉、通风的场地摊晾。刚采下的栗蓬温度高，水分含量高，呼吸作用强，必须降低其温度、湿度，然后集中堆积。堆积厚度最好为40～50厘米，再高也不宜超过1米。堆后洒水其上，并用秸秆或稻草覆盖，不可踏紧。5～7天后进行脱粒。堆放的时间一般不要超过7～10天，千万不可以长时间堆放。脱粒后，尽快灭菌除虫、贮藏。采收后的散热处理，是克服栗果霉烂的关键。注意栗苞不要堆放过高，以免发热霉烂变质。自由脱落的栗果刚落地时，成熟度较高，其胚的含水量一般仍较高，生理代谢作用还相当旺盛，它呼吸所释放出来的热量仍较高，此时不宜将栗果立即进行贮藏，尤其在贮藏条件较落后的情况下更是如此。可以把拾起来的栗果放在空气流动条件较好、空气相对湿度与栗果含水量基本一致、遮阳较好的地方，让它“发汗”1～2天后再贮藏，其贮藏效果更好。

171. 为什么要重视板栗果实贮藏?

板栗生产有极强的季节性和区域性，加上板栗含水量较高，生理代谢旺盛，因此具有四怕的特点：即怕热、怕冻、怕干、怕水。栗果若采摘不当、贮藏不善、运输不及时或粗放管理等，在采、贮、运期间往往因在技术管理中某一环节出问题，容易导致大量栗果腐烂，我国板栗因此每年发生的霉烂和腐烂病的数量约占总产量的30%左右，每年经济损失上亿元，在国际市场上也造成不良的印象。因此，必须提高板栗的贮藏保鲜能力及技术水平。我国目前生活水准仍较低，对果蔬的保鲜缺乏必要的认识和投入，对板栗更是认识不足。因此，对板栗的贮藏保鲜在近期内还不能普及冷藏、气调贮藏技术，我们应当从中国国情出发，吸收国外的先进技术与经验，同时也应该充分利用我国民间特有的土办法，并对技术进行一些改进，土洋结合，因地制宜，做好我国板栗贮藏保鲜工作，减少经济损失，这对我国板栗生产具有重要的意义。

172. 花桥板栗贮藏注意事项有哪些？

花桥2号板栗属南方栗，栗仁腐烂率高，不及北方栗耐久贮远运。这是钙不足所致，缺钙会明显地致使细胞衰老、变质、崩解，缺钙的栗果在贮藏过程中极易发生各种生理病害。因此，可采取下面两种措施：把栗蓬浸在0.5%石灰水中，或于4月中旬，在树干周围与树冠大小一致的地面撒石灰1.5千克/株，撒后松土，翻入土中。栗果钙含量提高后，褐变量大大下降。

173. 影响板栗贮藏的因素有哪些？

栗实贮藏难度较大，为解决栗实贮藏难题，必须要了解影响栗实贮藏的内外因素：

(1)品种

栗果的贮藏性与品种的成熟期有直接的关系，晚熟品种的贮藏性比早熟品种的贮藏性要强些。9月中旬前成熟的品种，它的贮藏性比9月下旬成熟的品种表现差些。计划贮藏的栗实，必须选择晚熟品种。

(2)产地

北方品种的栗实贮藏性比南方品种的贮藏性强。

(3)成熟度

没有充分成熟的栗果，种皮尚不完全具备正常的保护功能，内含有机物质还没有完全转化为凝胶状态，它的含水量要比成熟度好的栗果的含水量高10%左右，呼吸作用强，不宜贮藏。果皮为白色，角质化差，容易碰伤，引起菌类入侵。当种子采收脱粒时受到机械损伤和微生物侵染，则贮藏时易引起霉烂。据试验，沙藏1个月未成熟的栗果，它的腐烂率高达57%以上。

(4)种子含水量

栗实含水量直接影响种子在贮藏期的呼吸强度和代谢性质，并且影响种子表面微生物的活性。栗实含水量过高时，引起种子"自潮"、"自热"及"无氧呼吸"，种子生命力迅速降低；但栗实又不耐干燥，若贮藏前失水过多，抗病能力降低，则易受到病菌侵染引起种子腐烂，甚至丧失生命力。贮藏栗实的安全含水量应为25%～30%。

(5)采收天气

在晴天、低温、干爽的天气采收的栗果比在阴雨天、气温高、湿度大时采收的栗果的贮藏性好。

(6)温度

在一定温度范围内，种子的呼吸强度随温度的升高而加强，种子寿命缩短；当温度过高时，蛋白质发生质变，种子生命力会迅速丧失。但温度过低，含水量较高时，种子内水分会结冰，同样导致种子失去生命力。板栗种子既怕热，又怕冻，种子霉烂高发期多集中在采收后1个月内，这一时期气温较高，种子生理活动旺盛，遇高温等不良环境因素易引起栗实霉烂。种子采收后及时进行冷藏(0～5℃)比常温贮藏效果要好。

(7)病虫害

在栗果成熟过程中，有一些害虫如桃蛀螟咬伤果皮和栗仁，降低了栗果贮藏价值。一部分栗果的腐烂是由于某种病菌的侵染而引起的，另外贮藏期间栗果内生理发生变化是栗果腐烂的内在原因。

(8)栗苞堆放

采收的栗苞，堆放时由于栗苞成熟度不一样，会影响栗实的贮藏性能。成熟度好的栗苞，其贮藏性好。

(9)失水风干

贮藏前因干燥而失水过多，是栗果在贮藏过程中引起腐烂的关键因素。失水越少，保鲜率越高，失水越多，保鲜率越低。

(10)通风条件

栗实贮藏期间，若通风不良，则呼吸作用产生的二氧化碳和水分不易排出，积累在种子周围，促使种子产生无氧呼吸，导致中毒死亡。因此，大量贮藏板栗种子时，库房必须具备良好的通风条件。

(11)生物因子

种子贮藏期间，病虫、鼠类等都直接影响着种子寿命。生物对板栗种子的危害程度与贮藏环境条件有密切关系。保持贮藏库温度适宜，保持种子安全含水量，定期检查，通风换气，是控制生物危害的重要措施。

174. 板栗贮藏中应注意哪些问题?

栗果霉烂大多发生在采收后的1个月内。这一时期气温高，特别是9月上旬成熟的栗果，当时气温在20～30℃，栗果处于休眠的准备阶段，生理活动比较旺盛，若遇到高湿、通风不良或严重失水均会引起栗实霉烂的发生。

(1)贮藏温度过高

贮藏温度过高有两种情况，一种是栗苞堆放太高，这时栗苞皮还处于活动状态，呼吸作用旺盛而引起发热。据测试，堆积高度增加1米，温度能升高10℃，栗果堆中间的温度高达50～60℃，这会导致果胚组织死亡，蛋白质变性，引起霉烂。另一种是栗果贮存时，没有加湿沙等填充物，直接将栗果集中堆在坑中或在大容器中存放，由于栗果早期呼吸作用旺盛引起发热，加上早期气温高和不通风，引起栗果霉烂。也有因填充物过少或用陈腐的锯末屑等引起的发热而霉烂。

(2)湿度大、通气不良

采收季节多雨时，栗果含水量过大，立即在高温条件下贮存，容易引起栗果霉烂。在贮存过程中需要保持一定的湿度，但也要通气良好，通气不良能引起栗果发热而发生霉烂。

(3)贮藏运输过程中失水

栗果必须保持一定的水分，失水过多，失去生理活性，容易染病，发生霉烂。

175. 板栗果实贮藏的主要方法有哪些？

目前常用的栗实贮藏方法有沙藏、冷藏和袋藏等。

176. 如何用沙藏法贮藏板栗？

沙藏法是应用最广泛的方法，具体有堆藏、窖藏和堆藏等，堆藏在南方用得较多，即在阴凉的室内地面上，铺一层玉米秆或稻草，然后铺约5~6厘米厚的沙，在沙上堆放栗果。采用1份栗2份沙混合堆放，或沙和栗交互层放，每层厚约3~6厘米，最后覆沙3~7厘米，上面用稻草覆盖，高度总共约1米。窖藏：小雪前(11月中、下旬)在地势较高、排水良好的背阴地，挖宽1~1.5米、深1米的地窖，长度依栗果的数量而定。窖底铺沙5~10厘米厚，与栗果混合或交互层放，厚度与堆藏相同。在堆至距地面10~15厘米时，用沙填平，其上加土成屋脊状。天冷时用草覆盖。在填放时，中间插一把扎紧的稻草束作通气用。当堆呈长条状时，可每隔1米设一个草把。填土后草把应外露。

177. 如何用木屑与河沙藏法贮藏板栗？

将板栗与木屑、河沙以1:3~4的比例混合堆放。木屑和沙的重量为栗重的40%，湿度为15%~20%。单用木屑时，要求木屑湿度为40%左右。从贮藏起到11月中、下旬，每100千克板栗占地4~5平方米，堆高0.1~0.15米，地面上垫一层2~4厘米厚的草垫子。贮藏前期每10天翻动一次，以利通气散热，避免堆积发热。填充物干燥时可喷洒0.001%高锰酸钾溶液补湿、防腐，并控制其含水量为25%左右。11月中、下旬后，板栗可堆高到0.2~0.25米，每100千克板栗占地1.6平方米。在此阶段气温逐渐降低，板栗堆每20~30天翻动一次。同时要逐渐关窗，并定期喷0.001%高锰酸钾溶液，使室内相对湿度保持在90%。可在栗堆上覆盖报纸或塑料薄膜。入贮第三个月起，因空气湿度低，板栗散失水分多，因而风干失重。这时要注意关窗，抑制空气对流失水；同时需不时注意调节填充物的湿度在15%~25%之间，改善板栗的通气条件，防止吸水发芽。这一阶段还可用700mg/L 2,4-D浸果1~2分钟。

178. 如何用冷藏法贮藏板栗？

栗实冷藏是贮藏效果较好的方法之一。冷藏栗实不易发芽，损耗霉烂少，可延长市场供应时间。在气温高的地区，应采用冷库贮藏。这是板栗外销出口和经营单位常用的方法。各种贮藏方法的结果比较表明，以冷藏法贮藏板栗效果最好。一是栗实损耗少，二是基本上无发芽现象。入贮的栗实应为色泽正常、果粒基本整齐、无虫、无病、无裂口、无不充分成熟的果实。入贮的果实必须采用内衬浸水湿麻袋的双层麻袋或内衬打孔塑料袋的包装方式，以保持栗实的湿度。码垛应实行叉车托盘制。即采用木制托盘，每盘上放4层麻袋，垛位长方形，宽3块托盘，长11块托盘，高3层托盘。垛与垛之间留20～40厘米空隙，以便进行检查和通风降温。库温掌握在－1～－2℃为宜，相对湿度为95%左右，二氧化碳含量不超过3%。

179. 如何用硅窗气调贮藏板栗?

在通风避光的室内摊放栗果3～4天，使其散热降温，蒸发水分。然后，剔除烂果、虫害果、破碎果和嫩果。将选过的板栗放入清水中充分搅拌，洗尽泥沙，捞去漂浮的劣质果。取出晾干后，用500倍甲基托布津溶液浸泡3分钟杀菌。用100厘米×80厘米的高压聚乙烯薄膜做成保鲜袋，中部镶嵌二甲基硅氧烷基橡胶膜(0.08毫米)作为气体交换窗口。硅窗面积为85平方厘米，贮藏量每袋25千克。保鲜袋中加入12克CT-3型高效除氧剂。硅窗气调可以进行低氧(3%左右)贮藏。此项贮藏保鲜方法，农业部南京农业机械化研究所(南京柳营100号，邮编210014)有专门研究。

180. 如何用砻糠灰、锯末贮藏板栗?

砻糠、锯末都是具有一定的保湿能力、质地松软的填充材料。锯末要选用新鲜无霉变的；砻糠灰先用清水浸，经过冲洗，晾干备用。用前应加水湿润，含水量以手捏成团、手松缓慢散开为宜，约含水30%～35%。贮藏方法有用木箱贮藏与堆藏两种。木箱贮藏即把完好的栗果以2∶1的比例与任意一种填充材料混合，放入木箱中，上面再覆盖一层约10厘米厚的填充材料。室内堆藏是在通风的室内用砖围成面积0.3～0.5平方米、高约40厘米的方框，框内地面先铺一层约5厘米厚的填充材料，然后将栗果与填充材料以1∶1的比例混合，放入框内，最后再铺一层10厘米厚的填充材料。在室内温度高、湿度大时，需及时通风，经常检查栗果，如腐烂严重，要及时翻堆，以防蔓延。

181. 板栗如何用塑料薄膜袋贮藏?

选用中、晚熟品种的栗实，经发汗、消毒、沙藏1个月左右，再改用打孔塑料薄膜袋贮藏。栗实入库前要用500倍托布津溶液浸泡10分钟，晾干后装入袋中，每袋装25千克为宜。薄膜厚0.05毫米，袋两侧打直径2厘米的小孔，孔距5厘米，以利通风换气。若不打孔，则应经常打开袋口检查。

182. 板栗如何带栗苞贮藏?

选择排水良好的场地(室内也可)，下面铺10厘米厚的沙。晴天时采回栗苞，栗苞应完整、无病虫。将栗苞露天堆放，栗堆的大小不限，但最高不超过1米，过高容易发生腐烂。堆好后用秸秆等覆盖，以防晒、防干、防冻。25 ~ 30 天翻动一次。注意检查，如堆内发热或干燥，要适当泼水，以降低温度和保持一定的湿度。此法的优点是栗苞有刺保护，不容易污染和擦伤，也可减少鼠害，简便省工，贮藏期长。从 9 月开始，可贮藏到次年 3、4 月份。缺点是栗实受象鼻虫危害的情况下不宜采用，否则堆积时高温有助象鼻虫危害。同时带栗苞贮藏栗实发芽较多。

183. 留种用板栗如何贮藏？

板栗采收后 1 ~2 天内，用 200 倍 50% 甲基托布津溶液喷湿板栗，边喷边翻动栗果，使其充分接触药液。喷后立即拌入 3 倍量的湿沙，堆成 2 米宽、50 ~ 60 厘米高的栗堆，上面盖一层湿沙，以不见板栗为度。在最外层用塑料薄膜覆盖，以保持沙的湿度。假藏(即预藏)1 周左右，要揭开塑料薄膜检查栗堆，防止堆内温度过高或干燥。作留种用的，可依此法贮藏。在 11 月下旬至 12 月上旬，挖一条宽 70 ~ 80 厘米、深 80 厘米的贮藏沟。沟底铺 10 厘米厚的湿沙，再将经假藏的栗果筛出铺在沙上，再喷一次 100 ~ 200 倍甲基托布津溶液。然后，一层沙一层栗铺于沟内，直到距沟沿 20 厘米为止，再盖湿沙至沟口，然后再盖 120 ~ 30 厘米厚的土，呈拱背形，上边再覆草保湿。这样贮藏的栗果，霉烂变质的低于 5%，发芽率高于 98%。

第十二章　花桥板栗加工与利用

184. 目前我国板栗营销状况如何?

随着改革开放，我国干、坚果出口贸易量增大，国内市场形势也越来越好。

(1)板栗市场看好，出口前景光明

目前，我国果品市场供应形势越来越好，我国已成为世界果品生产大国，苹果、梨、桃、红枣、柿、板栗的产量已稳居世界之冠。近 30 年来，我国板栗栽培面积迅速扩大，产量不断提高，总产量已由 1982 年的 8.3 万吨增加到 2008 年的 145 万吨，各个板栗主产区或者行政区域为了促进板栗高效生产，必须要实现板栗产业化发展，构建板栗产业链。我国板栗目前人均已达 0.37 千克。但是，我国人均栗果消费量仍然很低，距国际消费水平相差甚大，目前，国际人均消费板栗量为 10.8 千克。我国的栗果市场仍有较大缺口。近几年来干坚果出口贸易量增大，成为我国果品生产与销售的一大特点。我国板栗的品质高居世界食用栗之冠，为世界所珍爱，是重要的出口创汇物资和内销的高档果品。我国每年板栗出口日本约 4 万吨，出口到香港、马来西亚、新加坡的销量还要高，并呈逐年增加趋势。

(2)板栗果品的消费方式单一

果品消费方式是受多种因素的影响，它在一定程度上反映着果品产业的发展状况，并直接影响果品的消费市场和消费量，从而影响果品产业的发展。目前，我国市场出售的板栗是作为高档的精美食品，价位较高，以鲜食为主。最盛行的销售季节是中秋节，最常见的消费方式是糖炒板栗、肉烧板栗，传统名菜为子鸡烧板栗。出口多是带壳鲜销。在国外，板栗的消费方式呈多样化，如欧洲的栗子多加工成栗泥、栗乳、罐头、蜜饯、果汁等，亚洲许多国家也多将其加工成栗汁、栗粉、栗冰淇凌、盐水栗肉等。由于国内消费方式单一，影响着板栗市场的发育，进而影响板栗产业的发展。我国板栗加工与消费方式同世界发达国家水平尚有一定的差距。

185. 我国板栗加工的前景如何?

板栗在我国种植广泛，我国河北、山东、湖南、湖北、江西、福建、安徽等地盛产板栗，我国板栗年总产量达 461 98 万吨，占世界板栗总产量的 60% 以上。然而，板栗易于霉烂变质、生虫而不耐保存，尽管许多专家进行了大量的研究，但板栗保鲜技术仍不尽人意，致使过去的外资部门、现在的商家不愿涉足板栗的贸易，板栗的商品价值也因此不能达到原有的价位。在此形势下，开展板栗深加工技术，拓宽板栗利用途径是提高板栗生产经济效益的主要方式。随着板栗产量的不断增加，板栗深加工的不断深入，新产品层出不穷，致使板栗生产和加工过程中的废弃物——栗苞和栗壳急剧增加。栗苞和栗壳中含有天然棕色素、单宁、纤维素、木质素、氮、磷、钙等成分，通过加工可进行系列产品开发，可提取栲胶和天然色素；作为饲料添加剂和食用菌的袋料，烧制栗苞炭。按湖南省目前板栗的产量以吨果吨苞壳推算，栗苞和栗壳的产量达 5 万吨 以上，如此巨大的贮量，如果能够得到充分利用，对农民增收，农业增效，促进农业和农村经济发展将具有重要意义。

186. 我国板栗的加工现状如何?

尽管板栗的营养和药用价值较高，但传统的食用方法过于简单粗犷，导致优质的板栗资源没能得到科学、合理地充分利用。随着板栗产量的提高及栗食文化的发展，世界各国都十分重视板栗产品的开发和研制工作。日本和韩国先后推出了速冻栗仁、栗实罐头，并很快打入国际市场。最近，日本又将栗实制粉添加在各类食品中，改善食品的结构和品质，引起了各产栗国的关注。为了科学、合理地利用我国的板栗资源，加快板栗的深加工和转化作用，我国的一些科研机构在国家有关部门的安排和资助下，也开展了板栗加工制粉及板栗新食品的研制开发工作。经过多年的努力，研究取得了突破性的进展，开发出糖炒板栗、板栗罐头、速冻板栗仁、板栗脯、板栗粉、板栗酱、板栗饮料、板栗酒等产品。

187. 板栗加工中的技术难题有哪些?

制约我国板栗制品加工业发展的因素较多，除种植资源零星分散、加工产品科技含量较低外，主要的是在板栗的贮藏保鲜、加工工艺中存在以下难题：

(1)贮藏

板栗属于具有高呼吸率的果实，采收后生理代谢活动旺盛，呼吸热高达 459.8 焦耳每千克小时 ，而且栗果易发生小象鼻虫、桃蛀螟等虫害，采摘时不易发现，加之栗果含水量较高(占 50% 左右) ，形态结构不利于贮藏，采后损失较大，贮藏保鲜一直是制约我国板栗资源利用的重要因素。特别是南方板栗，粒形大、含水量高，采收期气温高、湿度大，贮藏保鲜尤为困难。因贮藏环境、贮藏方法的原因造成栗果大量霉烂、生虫、失水、变硬，一般采后 1 个月易霉烂，第 2 个月失水、失重，使品质变劣。据资料报道，我国板栗在贮藏过程中，一般霉烂率在 20% ~30% 左右，严重的达到 70% 。

(2)加工

剥壳去衣是板栗加工的首道工序，目前我国大多数加工厂的板栗剥壳工艺以人工剥壳为主，有生剥和热剥两种方法，费工费时，加工成本高，我国传统的板栗去衣工艺采用热碱法，但存在使栗果褐变、污染环境等明显弊病。目前我国已有板栗专用的剥壳去衣加工的成套设备，这套由中国农机院研制开发的5LJ 300型板栗加工设备主要包括分级机组、硬皮处理机组、热处理机组、剥壳去衣机组、壳仁分离机组、辅助设备、电气控制系统等，其主要性能指标是生产率300千克/小时(鲜板栗)，整仁率≥90%，总功率≤30千瓦，全部设备投资约75万元，由于成本较高，未能在生产中得到较好的应用。褐变也是板栗加工中较为突出的问题，是影响板栗成品质量的主要因素。板栗的褐变包括酶促褐变和非酶促褐变，酶促褐变是由于氧化酶引起栗果中的酚类与单宁等成分氧化而产生的颜色变化，其产物是复杂的聚合物——类黑精；非酶促褐变主要是抗坏血酸氧化及由于金属离子引起的变化。

188. 板栗生产中剩余物利用前景如何？

栗苞和栗壳是板栗生产和加工过程中的废弃物，传统的处理方法是燃烧和自然腐烂，不仅造成了对环境的污染，还是一种资源浪费，为了更有效地对废弃物进行加工利用，湖北省林科院已着手从事这方面的研究，利用栗苞和栗壳进行加工提取栲胶、天然色素和烧制栗苞炭。目前，许多国家的食品加工行业普遍使用合成色素，但合成色素不能向人体提供营养成分，而且还有可能危害人体健康，有的甚至有致癌作用，由于合成色素对人体有危害作用，故此已逐步被天然色素所取代，天然色素不仅色泽自然，而且种类繁多，不少品种还兼有营养和药理作用。从板栗壳中提取的棕色素，是纯天然产品，作为食品添加剂是安全的，是一种具有广阔开发和利用前景的天然色素。栗苞是板栗采摘后留下的废弃物，数量巨大。含有丰富的单宁，是提取栲胶的好原料。栲胶是一种由植物性鞣料(又称天然单宁)提取液的浓缩物，有膏状物和固体两种产品。单宁的主要化学成分是具有多元酚羟基的有机化合物，易溶于水、乙醇、丙酮等溶剂中，略带酸性，具有涩味。栲胶主要用于制革、染料、塑料、日用化学品、地质钻探、有机化工等行业。栗苞还可以生产栗苞炭，国家实行天然林保护工程，限制了木炭产业的发展。栗苞是板栗种植区的一项大宗副产品，白白地烧掉，不仅污染了空气，而且非常可惜。为了充分利用这一资源，采用挤压成型和低温碳化工艺生产高级无烟炭，既能获得经济效益、生态效益和社会效益，又能促进板栗产业的良性发展。

189. 板栗精的加工工艺流程是什么？

去壳、去衣→护色、预煮→溶制糖浆、混合→均质、浓缩脱气→真空干燥→粉碎、包装→检验入库→成品。

(1)去壳、去衣

去壳采用机械或人工剥壳，板栗应暴晒或经过150~180℃高温烘烤，使板壳破裂。去内衣采用碱液腐蚀磨光法，先将剥壳板栗投入90~95℃、6%~8%烧碱溶液(栗果与碱液比为1:2)中2~3分钟。碱液腐蚀后，迅速捞出冲洗表面碱液，并转入旋转式磨光筒内磨去经腐蚀的内衣。

(2)护色、预煮

栗果磨去内衣后，及时用自来水冲洗，洗后用2%~4%盐酸中和4~6分钟，捞出冲洗后，投入护色液中护色备用。护色液的组成成分是0.1%柠檬酸、0.5%氧化钠、0.05%乙二氨四乙酸二钠。栗果从护色液中捞出，投入沸腾预煮锅中煮沸40分钟。预煮液与栗果重量比为3:2。

(3)溶浆混合

每100千克砂糖加50千克水溶解后，再加入麦芽糖、液体葡萄糖，搅拌均匀，加热至沸腾，维持5分钟，然后将糖浆和栗果混合，先用筛孔直径为5毫米的打浆机，再用胶体磨细磨。转入搅拌缸备用。称取麦芽糊精及蛋白糖、黄原胶、柠檬酸等小料，混合均匀后，一同转入搅拌缸充分混匀。

(4)均质、浓缩

采用高压均质机，工作压强27~30兆帕物料在高压作用下产生空穴效应，颗粒细度达1~2微米以下，并充分乳化混合。物料均质后在真空浓缩锅浓缩脱气，以排除空气，防止干燥过程中溢盘。

(5)真空干燥

浓缩后，定量装盘，在真空干燥箱内干燥。根据料液状态变化，全过程分4个阶段。

1)升温加热阶段：烘箱装盘后，关闭箱门，开足真空。箱门在真空吸力作用下吸紧关严，逐渐开启蒸汽阀门。蒸汽压力为0.3兆帕、真空度达0.097~0.098兆帕时，料液开始受热沸腾，水分不断蒸发。要严密观察盘内料液，并控制真空，防止溢盘。随着水分不断蒸发，料液越来越浓，当蒸发气泡逐渐减少时，升温加热阶段达到终点。

2)真空阶段：升温加热结束后，把真空降到0.090~0.094兆帕，降低箱内真空度，提高箱内温度，缓和气流速度，调整干燥条件，防止因物料表层水分蒸发快，形成上干、中潮、下焦现象。

3)排气阶段：关闭蒸汽阀门，利用箱内余热排除余下水分，箱内温度逐渐下降，真空度不断提高，物料体积开始逐渐膨大升高，从窥镜严密观察，调节真空，防止碰顶或膨大太慢。此过程温度不得超过70℃。

4)冷却阶段：冷却是使板栗精定形，成为疏松、多孔、脆性的组织状态。冷却时间长短根据水温确定，一般水温20~25℃，冷却20~30分钟。

(6)粉碎、包装

烘干后的板栗精应及时出箱，转入湿度50%以下的粉碎包装室内。粉碎前应剔除不干及焦糊部分，另行处理。粉碎应均匀，及时包装。最后，按产品企业标准规定的检验规程进行检验并入库。

质量标准：①感官指标。色泽呈均匀浅黄色，风味浓郁，甜度适宜，无焦糊味及其他异味：组织及形态呈疏松、多孔、脆性颗粒，颗粒大小大致均匀，允许有少部分粉末存在；溶解性：在80℃以上热水中迅速完全溶解，无沉淀分层现象。②理化指标。水分小于2%，总糖量为65%～72%，颗粒度大于85%，溶解度大于95%；比容大于200克每毫升。③微生物指标。细菌总数<5000个每毫升，大肠菌群<30个每100克，致病菌不得检出。

190. 糖水板栗罐头的工艺流程怎样?

成品糖水板栗罐头的果肉呈淡黄或黄色，同一罐中果肉色泽一致，允许果缝处稍有色变；具有本品应有的风味，甜味适中、无异味；糖水透明，允许有少许不引起混浊沉淀的碎片存在；同一罐中果个大小均匀，碎果不得超过10%，板栗果重不低于净重的50%，糖水浓度不低于50%。生产工艺流程为：原料处理→预煮、漂洗→配糖液→装罐→排气、封罐→杀菌、冷却。

(1)原料处理

选择无病虫、霉烂的新鲜栗果，单果质量7克以上。将栗果投入95～100℃水中煮5～8分钟，放凉，去外壳，然后磨去栗衣及黄衣。栗果在加工过程中易变色，因此磨光后的栗果要迅速投入0.2%食盐、0.3%柠檬酸溶液中。用小油石磨去残衣、修整好形状。

(2)预煮、漂洗

预煮液中需添加0.2%明矾和0.15%乙二胺四乙酸二钠，所用预煮液的量为栗子质量的2倍。将栗子放在50～60℃预煮液中煮10分钟，然后在75～85℃下预煮15分钟，95～97℃下预煮25～30分钟，基本煮透为止。漂洗时先在60℃水中漂洗10分钟，再在40～50℃水中漂洗10分钟，然后去除破碎、变色、带斑点等不合格的栗果。按果实色泽、大小分级。

(3)配糖液

配50%糖液，同时添加0.02%乙二胺四乙酸二钠，以改善栗子色泽。

(4)装罐、排气、杀菌

玻璃罐需要消毒，然后装入205克果肉，并加入糖液，再将罐头放入排气箱中加热排气10～12分钟，使罐内中心温度不低于85%，然后封罐、杀菌(利用罐内温度进行杀菌)、冷却。

191. 板栗奶的工艺流程如何?

主要设备包括磨浆机、离心机、均质机、杀菌机等。主要原辅料除板栗外，还有牛奶、砂糖、EDTA-Na、明胶、CMC-Na、海藻酸钠、蔗糖酯、单甘酯。工艺流程为：原料选择→去衣→磨浆→过滤→煮浆→调配→均质→灌装→杀菌→成品。

(1) 原料选择

选择粒大饱满、无虫眼、无霉变的果。加入脱壳板栗2倍的水浸泡，软化其组织，便于磨浆。浸泡水中加入0.01%亚硫酸钠、0.01%抗坏血酸钠，用磷酸把pH值调至3。

(2) 去衣磨浆

用95～100℃水漂烫，漂烫液中加0.01%亚硫酸钠、0.01%抗坏血酸钠，用磷酸调pH值为3，机械搅动，脱去板栗内衣。然后加干重10倍的水磨浆，浆液中添加适量亚硫酸钠。磨浆后煮沸30分钟，促使亚硫酸钠分解挥发，同时使板栗浆中淀粉糊化。

(3) 调配、均质

牛奶30%、板栗浆50%、砂糖8%、EDTA-Na 0.1%、明胶0.2%、蔗糖酯0.2%、香精适量，加水至100%，混合均匀。调配板栗奶加热到70℃，在20兆帕压力下均质1次。最后灌装，于121℃杀菌15分钟后冷却。

192. 糖衣栗子的工艺流程是什么？

工艺流程为：原料挑选→去壳、护色→预煮、漂洗→真空浸糖→被糖衣→干燥→被膜→包装。

(1) 原料挑选

选饱满新鲜、单果质量6克以上的板栗，剔除干、黏及虫蛀果，并按大小分成2级。手工或机械去壳均可，再用小油石磨去栗衣，边磨边冲水。磨好的栗果应立即投入含有0.2%食盐和0.2%柠檬的混合水溶液中浸泡护色。

(2) 预煮、漂洗

预煮有两种方法。一是恒温预煮，在80～90℃水中煮40～55分钟，二是分段升温预煮，先将栗果在55℃水中煮10～15分钟，再在75～85℃水中煮10～15分钟，最后在95℃左右水中煮15～20分钟。以第1种方法为好，但中间最好换水1次。预煮时料液比为1∶3，直至煮透为止。为防止栗果在预煮中发生褐变，预煮栗果必须在预煮液中进行。预煮液配方：0.25%乙二胺四乙酸二钠、0.2%钾明矾和0.15%柠檬酸。预煮后，栗子先在50～60℃水中漂洗10分钟，再在40～50℃水中漂洗10分钟。

(3) 真空浸糖

栗果煮熟后，将其浸于糖液中，使糖分逐渐渗入其中。为了减少浸糖时间及提高制品口感，可采用真空分段式浸渍工艺。糖液浓度按30%、50%、70%依次递增，经过抽真空、排气、再抽空、排气，如此循环，使糖液迅速渗入果中。温度为室温，料液比1∶2，真空度53328.96帕，时间维持2～3小时。

（4）被糖衣、干燥

浸糖后，再将栗果置于浓白糖煮沸液中，一浸即出锅，使之表面有一层糖衣。可根据不同需要在糖衣液中加少许风味剂，如桂花浸液等。随后进行干燥，分两个阶段进行，第1阶段温度控制在40～45℃、湿度约60%，以便果中水分缓慢蒸发；第2阶段温度升到60℃左右。烘至栗果最终含水量22%～25%，干燥的糖衣栗子在转锅内加糖衣液，转匀后吹干即成。最后，将此糖衣栗子装于软包装复合薄膜袋中，采用抽真空包装机抽气密封包装。

193. 板栗夹心片的工艺流程是什么？

工艺流程为：剥外壳→去内皮→修理护色→预煮磨浆→加热调配→压片涂心→烘制→包装→成品。

（1）剥外壳

板栗外壳的剥除有两种方法，即生剥法和热剥法。生剥法即在栗果顶部用不锈钢小刀将板栗皮切除一小块，以切口不伤栗肉为宜，然后用刀剥除其余皮壳。热剥法在烘箱内进行，将栗果放入烘箱后，迅速加热至150℃以上，使皮壳自然爆裂而去皮。两种方法可根据生产厂家的实际情况自行选择。

（2）去内皮

可采取两种方法去除，即热烫法和碱液处理法。热烫法是将剥除外壳的板栗放入90～95℃水中处理3～5分钟，捞出趁热剥除内衣。碱液处理是利用火碱的腐蚀性和降解作用，将涩皮与果肉间的中胶层溶解而去皮，其碱液浓度、温度及处理时间应灵活掌握，一般浓度为8%～12%，温度为90～100℃，处理时间视栗果内皮的厚薄、温度及碱液浓度而定，一般为1～3分钟。

（3）修理护色

去皮处理后，立即用流动水冲洗，然后用1%的盐酸或柠檬酸中和残留碱液，以防变色。护色时间不超过3小时，否则果肉会变得暗淡无光。若需较长时间护色，则应在护色液中加入0.02%～0.04%抗坏血酸。栗果在护色液中边护色边修整，用不锈钢果刀修除残皮、斑点和损伤变色部分。

（4）预煮磨浆

将修整好的栗果在沸水中预煮30分钟左右，煮熟为宜。用不锈钢磨或石磨将煮好的栗果磨成浆，磨浆时适量加水，以减轻浆体粘磨。

（5）加热调配

30千克板栗浆加糖20～25千克，入糖时煮锅缓缓加热，不断搅拌。加热至103℃或用竹片蘸取样品液滴在瓷板上结成软粒为度，停止加热，准备压片。

（6）压片涂心

把上述浆块移至涂有植物油的平台上，用涂油轧辊滚压成0.3厘米的薄层，冷后凝结成稍带软韧的片状。按白砂糖粉、全脂奶粉 5∶1 的比例混合均匀，用鲜蛋白调成浓浆，并在果片表面涂一薄层，再用另一果片粘贴压紧，立即烘制。

(7)烘制、包装

把涂好夹心的果片入烘干机以 50～60℃的温度烘至夹心全干为止，成品含水量不超过 14%，移出冷却。把夹心片切成 3 厘米×3 厘米的方片，也可切成其他形状，用玻璃纸单片包裹，再用纸盒每 10 片或 20 片定量包装。

194. 花桥板栗产业化生产的必要性有哪些?

首先，实行产业化生产，可以形成专业化的特色市场和销售流通中心，促进销售流通，市场进一步需求反过来还会促进生产的发展。其次，产业化生产可以促进先进技术的快速转化推广，从而提高产品质量，形成优质产品生产中心和新技术辐射源，降低生产成本，提高生产经营的经济效益。第三，产业化生产的发展，可以促进产前、产中、产后的物资、信息服务体系的发展与完善，从而降低经营成本，增加收入。第四，产业化生产的发展，可以促进农村劳力的专业化分工，带动第三产业及其他产业的发展，从而带动整个农村经济的振兴。板栗优质高效生产也必须走产业化生产之路。

参考文献

1. 张宇和，柳鎏．中国果树志－板栗 榛子卷[M]．北京：中国林业出版社，2005.

2. 中华人民共和国农业行业标准．绿色食品产地环境技术条件[S]．NY/T 391－2000.

3. 中华人民共和国农业行业标准．绿色食品农药使用准则[S]．NY/T 393－2000.

4. 中华人民共和国农业行业标准．绿色食品肥料使用准则[S]．NY/T 393－2000.

5. 湖南省地方标准．花桥板栗良种育苗和栽培技术规程[S]．DB43/T 641－2011.

6. 丁向阳．优质高档板栗生产技术[M]．郑州：中原农民出版社，2004.

7. 谢碧霞，陈训．中国木本淀粉植物[M]．北京：科学出版社，2008.

8. 田应秋，梁及芝，冯加生．板栗果园投入与产出分析[J]．中国南方果树，2004，33(1)：49～50.

9. 田应秋，梁及芝，黄志龙．板栗新品种花桥1、2号的特征及栽培技术[J]．林业科技开发，2007，21(3)：85～87.

花桥板栗栽培管理年历

月份	物候期和管理中心	栽培技术措施
1月	物候期： 相对休眠期 管理中心： 冬季清园	1. 冬季修剪：上年12月未完成冬季修剪的继续冬季修剪。 2. 清园：结合冬季修剪，清除病虫枯枝及落叶，集中深埋或烧毁，以减少病虫害侵染源。 3. 土壤管理：对园地土壤深翻，清除树盘杂草，维护树盘。 4. 需要高接换种的在萌动前20~30天全园灌水一次，及时完成大树改接。 5. 老树搞好复壮修剪。疏除无效枝。 6. 施基肥：9~10月采果后未施采果肥的，在春季萌芽前(1月下旬至2月)进行施肥。施肥时沿树冠外围挖深30~40厘米的施肥沟，成龄大树每株施入土杂肥100~150千克，结果幼龄树每株施入50千克，可加施部分速效性氮、磷、钾复合肥。 7. 病虫害防治：主要防治栗疫病。 栗疫病防治：在进行冬季修剪时，对于各种修剪伤口，用401抗菌剂200倍液涂刷；感病植株彻底清除病枝干，刮除病部至木质部，然后再用401抗菌剂200倍液涂刷。
2月	物候期： 萌动期 管理中心： 促萌芽	1. 施基肥：9~10月采果后未施采果肥的，在春季萌芽前(1月下旬至2月)进行施肥。上月未进行施肥的本月初继续进行。施肥时沿树冠外围挖深30~40厘米的施肥沟，成龄大树每株施入土杂肥100~150千克，结果幼龄树每株施入50千克，可加施部分速效性氮、磷、钾复合肥 2. 水分管理：2月份为春芽萌动期，部分板栗产区易出现春旱，要注重水分管理。否则易导致当年雌花形成少、果前梢大芽少，不仅影响当年产量，亦影响次年的产量，因此，春旱时施肥需结合灌水。 3. 病虫害防治：主要防治栗疫病。 栗疫病防治：在进行冬季修剪时，对于各种修剪伤口，用401抗菌剂200倍液涂刷；感病植株彻底清除病枝干，刮除病部至木质部，然后再用401抗菌剂200倍液涂刷；全园喷1~2次0.3波美度石硫合剂。

续表

月份	物候期和管理中心	栽 培 技 术 措 施
3月	物候期： 萌芽、展叶、雄花出现期 管理中心： 促梢	1. 除草：3~4月份杂草滋生迅速，应及时清除树下杂草，以免杂草与板栗争水肥。 2. 树盘覆盖20厘米，上撒一层薄土。 3. 根外追肥：尿素0.3% +0.1%磷酸二氢钾 +0.1%硼砂。 4. 修剪：为促进雌花发育分化，在本月下旬至4月上旬新梢萌芽抽出时，可疏除母枝上多余的芽，对果前梢进行摘心、粗壮枝进行短截，短截摘心轮痕处。 5. 病虫害防治：主要防治栗疫病、白粉病、栗蚧类等。栗疫病防治见1~2月。 白粉病：剪除病枝烧毁，发病期喷0.2~0.3波美度石硫合剂或50%甲基托布津800~1000倍液，15天喷1次，共喷2~3次。
4月	物候期： 雄花期 管理中心： 促雌花分化	1. 除雄；板栗的雄花序比例很大，以雄花和雌花花朵数比为3000:1为宜，雄花序比例过大需要消耗大量养分，不利于正在分化的雌花的发育。4月份进行人工部分疏除雄花序，保留5%~10%的雄花序即可满足授粉需要。 2. 修剪：为促进雌花发育分化，在本月上旬新梢萌芽继续抽出时，可疏除母枝上多余的芽，对果前梢进行摘心、粗壮枝进行短截，短截摘心轮痕处。 3. 喷激素促花：4月上、中旬树冠喷50毫克/千克赤霉素，促进雌花发育。 4. 施肥：4月为雄花开放期和枝梢迅速生长期，为促进枝梢生长、雌花发育，本月下旬至5月上旬可追施一次速效氮肥，配合部分磷肥。 5. 中耕除草：3~4月份杂草滋生迅速，应及时清除树下杂草，以免杂草与板栗争水肥。 6. 水分管理：雨天防涝；疏通排水沟。 7. 病虫害防治：主要防治白粉病、栗瘿蜂等。白粉病防治见3月。 栗瘿蜂：冬季重疏枝，清除内膛弱枝群，初发现的栗园可摘除虫瘤，春季幼虫开始活动时先刮除老皮，再用40%乐果乳油5倍液涂树干后包扎，成虫发生期喷50%杀螟松或40%乐果乳油1000倍液。
5月	物候期： 混合花序露花期 管理中心： 促进授粉	1. 修剪：继续除萌、摘心、幼树绑立防风柱以防风害。 2. 根外追肥：在雌花盛开前叶面喷施0.3%尿素 +0.1%硼砂，有助于提高花质，增强授粉，提高坐果率。 3. 施肥：4月下旬未完成施肥的，本月上旬继续完成施肥，可促进枝梢生长、雌花发育，施肥时以速效性氮肥为主，配合部分磷肥。

续表

月份	物候期和管理中心	栽培技术措施
5月		4. 人工辅助授粉。 (1)花粉采集：在雄花序盛开时(雄花序花丝伸直，呈鲜黄色并散发异味)，于散粉高峰(早晨6～10时)的早上8：00前采集雄花粉、干燥，并盛入干净的深色玻璃瓶内备用。 (2)人工授粉：当雌花柱头大部分分杈为30～45°时即可授粉，可人工点授，或机械喷粉(花粉与淀粉或滑石粉比例为1∶5～10，也可将花粉放入10%蔗糖液+0.1%硼砂液中喷雾授粉)。 5. 病虫害防治：主要防治炭疽病、栗瘿蜂、铜绿金龟子、栗红蜘蛛等。白粉病防治见3月，栗瘿蜂防治见4月。 (1)炭疽病：控制栗瘿蜂、栗蚧类虫害；发病重的果园，在6月上旬初次侵染至8月上旬再次侵染时，分别在树上喷40%多硫合剂500倍液或70%代森锰锌可湿性粉剂600～800倍液，或50%多菌灵可湿性粉剂600～800倍液，待贮的板栗在采果前的9月中旬，结合防治桃蛀螟加喷一次。 (2)栗红蜘蛛：越冬卵孵化盛期，用40%氧化乐果5～10倍液涂抹树干，先在树干中上部刮去粗皮，呈15～20厘米宽环带，露出嫩皮，然后连涂两遍后用塑料薄膜和纸包扎，有效控制期可达40天；5月下旬至6月上旬首批越冬卵孵化的关键时期，使用兼有杀卵功能的农药，或使雌螨丧失产卵能力的农药防治，用20%螨死净3000倍液或50%尼索朗2000倍液，全年喷一次即可控制虫害。
6、7月	物候期：雌雄花盛开期、果皮形成期 管理中心：促果实发育	1. 施肥：本月进行追肥一次，以磷为主，保花保果，开浅沟施硼肥，可减少空苞。 2. 修剪：抹除冬季疏枝、回缩枝后的过多萌芽，疏除密生新梢；对部分旺长新梢或徒长枝摘心。 3. 绿肥压青：7～8月可进行绿肥压青工作，压青时，最好在绿肥、杂草上面淋人粪尿可加速绿肥腐烂。 4. 病虫害防治：主要防治白粉病、云斑天牛、栗皮夜蛾、铜绿金龟子、剪枝象鼻虫、红蜘蛛等。白粉病防治见3月，云斑天牛、铜绿金龟子、红蜘蛛防治见5月。 (1)栗皮夜蛾：6月上、中旬(第一代幼虫孵化盛期)喷50%杀螟松1000倍液或40%乐果或氧化乐果乳油1000倍液，7月中、下旬(第二代幼虫发生盛期)再喷一次。 (2)剪枝象鼻虫：成虫出土期地面喷洒毒土(5%辛硫磷或2%甲胺磷粉或对硫磷粉)；成虫发生期喷40%久效磷1500倍液或40%乐果乳油1000倍液。 (3)栗锈病：发病时，喷洒0.2～0.3波美度石硫合剂或75%百菌清

续表

月份	物候期和管理中心	栽培技术措施
6、7月		700～800倍液或50%退菌特500～700倍液。 (4)栗实象鼻虫：主要抓幼虫脱果后入土这一关键时期，及时采收成熟栗苞，集中堆放，使其集中越冬，堆果场及脱粒处可先翻埋毒土；利用假死性摇落捕杀；成虫羽化盛期喷40%久效磷1500倍液或40%乐果乳油1000倍液，或90%敌百虫晶体1000倍液。
8、9月	物候期：种子形成期与成熟期 管理中心：壮果与采收	1. 追肥一次，以钾为主，促进果实膨大，也可追施复合肥，有利果实饱满。 2. 注意灌水，保持水分。 3. 疏苞：在矮化密植的丰产园，在坚果迅速增重前或雄花序落尽后1个月(8月上旬)进行板栗的疏苞工作，疏除劣苞、空苞和多余独籽苞，促使所留苞内坚果的发育，疏除量可达总数的30%～40%。 4. 绿肥压青：8月可继续进行绿肥压青工作，压青时，最好在绿肥、杂草上面淋人粪尿可加速绿肥腐烂。 5. 根外追肥：在8月上、下旬(即采收前30天、15天)各喷一次0.3%的磷酸二氢钾，或2%过磷酸钙+0.1%～0.4%磷铵，或3%～5%草木灰浸出液+0.3%硫酸钾+0.1%～0.3%硼砂，促进果实膨大，有利果实饱满。 6. 施采果肥：早熟种采收后及时施下采果肥，有助于恢复树势，促进花芽分化。施肥时沿树冠外围挖深30～40厘米的施肥沟，成龄大树每株施入土杂肥100～150千克，结果幼龄树每株施入土杂肥50千克，可加施部分速效性氮、磷、钾复合肥。 7. 病虫害防治：主要防治栗锈病、栗瘿蜂、大袋蛾、栗皮夜蛾、栗实象鼻虫等。栗锈病、栗实象鼻虫防治见7月，栗皮夜蛾防治见6月，栗瘿蜂防治见4月。大袋蛾防治参照栗皮夜蛾防治。 蛀螟防治：栗园种向日葵诱杀三代幼虫；8月下旬至9月重点对刺苞喷药防治，以易受害品种(九家种最易受害)为重点喷药防治，药物可用20%杀灭菊酯乳油3000～4000倍液，间隔15天，连续喷2～3次。
10、11月	物候期：采后管理期、落叶期 管理中心：树体复壮、清园	1. 根外追肥：采收后3～5天内叶面喷施0.3%尿素，施基肥后即灌水。 2. 病虫害防治：主要防治栗疫病、桃蛀螟等，参见以上各月。 3. 继续施基肥，深20～40厘米，施入后要随即灌水。 4. 清园：11月中下旬落叶后可进行清园工作，清除病虫枯枝，集中深埋或烧毁，以减少次年病虫害侵染源。 5. 修整树盘。 6. 病虫害防治：主要防治栗疫病、越冬害虫等，参见以上各月。

续表

月份	物候期和管理中心	栽培技术措施
12月	物候期： 休眠期 管理中心： 清园 冬季修剪	1. 有条件的要深耕。 2. 修整树盘。 3. 清园：继续进行清园工作。 4. 冬季修剪：冬季修剪是板栗最主要的修剪工作，在修剪时，粗度大于3厘米的枝干应留保护桩，并对伤口涂杀菌剂保护。丰产园以多主枝不规则开心形为主，形成立体结果，其修剪方法和要求： (1)幼树：选择生长方位及角度好的枝条短截，培养树体骨架；对骨干枝，以短截为主，促进分枝；枝量多的可疏除过密枝、交叉枝，去除强旺直立枝；尾芽数多的枝轻短截，角度合适的健壮枝缓放。 (2)盛果期树：锯除中心过密大枝，打开光路，改造为多主枝不规则开心形；疏除或回缩挡光严重的直立大枝及内膛细弱枝；内膛健壮发育枝重短截，促发健壮枝，形成结果枝；枝组应短截、缓放、疏除相结合，三叉枝疏一截一放一，多叉枝疏除过密、细弱枝和短截相结合；果前梢留2~4个尾芽轻短截，对结果部位已外移的枝回缩至下面的分枝，进行局部小更新。 (3)结果外移树：以回缩为主，降低结果部位。疏除或回缩直立挡光枝，适当短截壮旺枝；光腿枝回缩至节间，刺激节上隐芽萌发；疏除内膛细弱枝，基部有分枝时回缩至分枝处，对部分壮旺枝重短截，促发旺枝。 5. 病虫害防治：主要防治栗疫病、越冬害虫等，参见以上各月。